电网营业厅空间布局优化研究

葛　维　陈　博　吕向彬　郭兴媛　曹立中　主编

中国商业出版社

图书在版编目(CIP)数据

电网营业厅空间布局优化研究 / 葛维等主编.
北京 : 中国商业出版社, 2025. 8. -- ISBN 978-7-5208-3562-6

Ⅰ. TU247.9

中国国家版本馆 CIP 数据核字第 202531P81T号

责任编辑：朱丽丽

中国商业出版社出版发行
(www.zgsycb.com　100053　北京广安门内报国寺 1 号)
总编室:010－63180647　编辑室:010－63033100
发行部:010－83120835/8286
新华书店经销
北京虎彩文化传播有限公司印刷

*

787 毫米×1092 毫米　16 开　8.25 印张　143 千字
2025 年 8 月第 1 版　2025 年 8 月第 1 次印刷
定价：45.00 元

* * * *

(如有印装质量问题可更换)

前　言

在电力行业蓬勃发展、客户需求日益多元化的当下，电网营业厅作为电力服务的窗口，其空间布局的合理性与高效性直接关系到客户的体验和企业的运营效率。优化电网营业厅空间布局，已成为提升服务质量、增强企业竞争力的关键措施。

当前，随着智能电网建设的推进和数字化服务的普及，客户对电网营业厅的功能需求不再局限于传统的业务办理，而是期望获得更加便捷、舒适、个性化的服务体验。然而，部分电网营业厅现有的空间布局仍存在不少问题。因此，优化电网营业厅空间布局，不仅能够提高客户办理业务的效率，减少等待时间，还能提升营业厅的整体形象和品牌价值。此外，优化空间布局还有助于提高员工的工作效率，改善工作环境，促进团队协作，从而为企业创造更大的经济效益和社会效益。

本书从电网营业厅内部空间布局设计出发，对电网营业厅外部空间布局设计进行了系统阐述，分析了电网营业厅空间布局动线设计，探讨了电网营业厅空间环境的优化，并对电网营业厅空间布局的智能化优化进行了深入研究。希望通过本书的介绍，能够为读者在电网营业厅空间布局优化方面提供帮助。

在写作过程中，笔者参阅了相关文献资料，在此，谨向其作者深表谢忱。

由于水平有限，疏漏和缺点之处在所难免，希望得到广大读者的批评指正，并衷心希望同行不吝赐教。

编　者

2025 年 6 月

目 录

第一章　电网营业厅内部空间布局设计

第一节　电网营业厅业务办理区空间布局设计

一、电网营业厅业务办理区的窗口配置

（一）窗口数量与位置

在电网营业厅的空间布局设计中，窗口的数量与位置是影响业务办理效率的重要因素。窗口数量的设置需要基于营业厅的日常业务量以及高峰时段的需求进行科学预测。通过对历史数据的分析，可以确定一个合理的窗口数量，以确保在业务量较大时，客户能够快速地办理业务，而不至于在高峰时段造成长时间的等待。窗口的合理配置不仅能提高业务办理的效率，还能提升客户的满意度。

窗口位置的设计需要充分考虑顾客的流动路线，避免在营业厅内形成拥堵。这需要对客户的行为模式进行研究，了解他们在办理业务时的常见流动路线，从而在设计时进行合理的布局。例如，窗口应尽量设置在客户进入营业厅后的便捷位置，以减少客户在营业厅内的移动距离。同时，窗口的设置还需考虑到客户的隐私和安全性，确保客户在办理业务时拥有舒适体验。

为了满足所有客户的需求，营业厅还需设置无障碍窗口。这些窗口应位于客户易于到达的位置，并配备适合残障人士使用的设施，以确保他们能够无障碍地办理各项业务。这不仅体现了对特殊人群的关怀，也提升了营业厅的服务形象和社会责任感。

（二）窗口功能分区

窗口功能分区在电网营业厅的设计中扮演着至关重要的角色。合理的功能分区能够显著提高业务办理的效率，同时提升客户的满意度。窗口功能分区应依据业务类型进行科学划分，例如咨询、缴费、投诉等不同业务类型的窗口设置，有助于减少客户等待时间，优化办理流程。这样的分区不仅能提高员工的

工作效率，还能增强客户的体验感受。通过明确的功能分区，客户能够快速找到对应的服务窗口，减少不必要的时间浪费，从而提升整体服务质量。

为了进一步提升服务效率，营业厅内应设置自助服务区，并且配备自助终端设备。这些设备能够让客户自主完成简单业务的办理，如缴费、查询等，能极大地减少人工窗口的压力。自助服务区的存在不仅缩短了客户的等待时间，还使得营业厅的空间利用率得到提升。通过自助服务，客户能够在更短时间内完成所需办理的业务，提高了对营业厅的满意度。同时，自助服务的普及也推动了营业厅整体服务水平的提升。

窗口功能分区的设计还需配备相应的设备和资料，如打印机、扫描仪、宣传册等，以提升服务的便捷性和专业性。这些设备的合理配置能够确保业务办理的流畅性，减少因设备不足或故障导致的业务中断。同时，提供多样化的宣传资料，有助于客户更好地了解电网公司的服务和政策，从而提高客户对企业的信任度和满意度。完善的设备支持是保证窗口功能分区高效运作的基础。

为满足高端客户的需求，营业厅应考虑设置 VIP 窗口，提供专属服务。这些窗口能够为重要客户提供更加个性化的服务，提升其整体客户体验。VIP 窗口的设置不仅是对高端客户的重视，也体现了电网公司在服务层次上的细分和提升。通过 VIP 服务，企业能够更好地维护与高端客户的关系，增加客户的忠诚度和满意度，从而在激烈的市场竞争中占据优势。

二、电网营业厅业务办理区的引导系统设计

（一）路径引导

路径引导在电网营业厅业务办理区的空间布局中起着至关重要的作用。通过在地面设置清晰的指示标线，客户可以按照指定路径有序前往各个办理窗口。这不仅减少了客户在营业厅内的混乱和拥堵，也提高了客户的办事效率。地面指示标线的设计需要考虑到客户的行走路线和办理业务的顺序，确保客户能够在最短的时间内完成所有的业务办理流程。此外，地面标线的颜色和形状也需要与营业厅的整体设计风格相协调，以增强视觉上的一致性和美观性。

在业务办理区的关键位置设置信息咨询台，是路径引导系统设计中的另一个重要环节。信息咨询台应由专业人员值守，能够为客户提供办理流程的详细说明和方向指引。这种面对面的互动不仅提升了客户的服务体验，还能有效地

解决客户在业务办理过程中遇到的问题。信息咨询台的设置位置应当便于客户在进入营业厅后快速找到，并能够在客户完成业务办理后再次提供帮助，确保客户在整个业务办理过程中得到充分的支持。

为了进一步增强路径引导的效果，可以在不同的功能区采用不同的灯光和色彩设计。通过这些视觉标志，客户能够快速识别各个功能区，提高空间的辨识度。这种设计策略不仅有助于缓解客户的视觉疲劳，还能通过色彩和灯光的变化提升营业厅的整体氛围。不同功能区的颜色和灯光应根据其功能和重要性进行区别设计，以便客户能够在进入营业厅后迅速确定自己的位置和目标。

（二）业务办理流程引导

业务办理流程引导在电网营业厅的空间布局中扮演着至关重要的角色。一个清晰的流程指引不仅能提升客户体验，还能有效提高业务办理效率。为了达到这一目标，营业厅应设定明确的步骤指引。客户在进入营业厅后，能够迅速了解每个环节的具体要求和所需材料。这种清晰的指引可以有效减少因不清楚流程而造成的延误，帮助客户顺利完成各项业务，提升电网营业厅整体服务质量。

在业务办理区内，设置流程图和指示牌是优化空间布局的关键措施之一。通过图文并茂的展示，这些指引工具能帮助客户快速理解业务办理的各个步骤。通过视觉化的指引，客户可以在办理过程中更有方向感，减少不必要的询问和等待时间，从而提高办理效率。这样的设计不仅是为了美观，更是为了实用性和功能性的完美结合，使营业厅的空间布局更具人性化。

此外，培训工作人员也是优化业务办理流程引导的重要环节。工作人员是客户与营业厅之间的桥梁，他们的专业性直接影响客户的办理体验。通过系统的培训，工作人员能够为客户提供详细的业务办理流程讲解和指导，确保每位客户都能在最短的时间内获得最准确的信息。这种面对面的指导服务，不仅增强了服务的专业性，也提升了客户对营业厅的信任感和满意度。

三、电网营业厅业务办理区的后台支持区域布局

（一）后台办公区规划

后台办公区在电网营业厅中扮演着关键角色，其规划直接影响到业务办理

的效率和服务质量。后台办公区的设计应首先根据业务需求进行功能区域的划分。具体而言，需要设置专门的数据处理区、客户服务支持区以及行政管理区。这样的划分不仅有助于提高各部门的工作效率，还能增强不同职能部门之间的协作效果。通过明确的功能区域划分，工作人员能够在各自的职责范围内高效地完成任务，进而提升整体的服务水平。

在后台办公区的规划中，办公设备和设施的配置同样至关重要。合理的设备配置可以显著提高员工的工作效率。需要确保办公区内配备必要的电脑、打印机以及会议室等设施，以满足日常工作的需求。这些设备的合理布局有助于减少员工在工作过程中受到的不必要干扰，使其能够专注于手头的任务。此外，会议室的设置也为团队协作和沟通提供了便利的场所，有助于促进信息的高效流通和决策的快速制定。

后台办公区的设计还应充分考虑员工的工作流动性。合理规划各区域的布局，能够有效减少员工在工作过程中的不必要移动，从而提高整体工作效率。通过优化空间布局，可以为员工创造一个更加舒适和高效的工作环境。此外，灵活的布局设计还可以适应不同工作模式的需求，例如开放式办公和私人工作间的结合，以满足不同工作任务的要求。

（二）资料存储与管理

资料存储与管理在电网营业厅的后台支持区域布局中同样扮演着至关重要的角色。为了提高工作效率，资料存储区域应设置合理的分类系统，使员工能够快速查找和管理各类文件和数据。这种分类系统不仅有助于提高工作效率，还能在紧急情况下迅速定位所需信息，从而支持业务的高效运作。合理的分类系统需要根据资料的性质、用途和频率等因素进行设计，以确保其能够适应不断变化的业务需求。

采用电子化存储方式是现代资料管理的一大趋势。通过减少纸质资料的使用，不仅能提升数据存储的安全性和便捷性，还能显著降低存储成本。电子化存储具备更高的安全性，能够有效防止资料的损毁和丢失。此外，电子化存储还提供了更高的便捷性，用户可以通过多种设备访问所需资料，极大地提高了工作效率。国内外的实践经验表明，电子化存储已经成为资料管理发展的重要方向。

为了确保信息的时效性和准确性，定期对资料进行整理和归档是必不可少的。资料的整理和归档有助于避免因信息过时而导致的决策失误，并能为未来的决策提供可靠的数据支持。通过系统化的整理和归档，企业能够保持信息的有序性和完整性，从而在激烈的市场竞争中占据优势。历史背景表明，许多企业因信息管理不善而导致严重的决策失误，因此，资料的整理和归档显得尤为重要。

（三）技术支持与协作区

技术支持与协作区在电网营业厅中扮演着至关重要的角色，其设计直接影响到营业厅的整体运营效率。技术支持区需要配备高效的网络和信息系统，以确保业务办理和后台支持之间的信息能够流畅传递。高效的信息系统不仅能够提升员工的工作效率，还能在业务高峰期有效减少等待时间，提高客户满意度。先进的信息技术设施如高速网络连接、实时数据处理系统等，是保证业务连续性和快速响应的基础。

协作区的设计应重视开放式工作空间的设置，旨在促进员工之间的沟通与协作。开放的空间布局能够打破传统的隔阂，激发员工的创造力和协作精神。通过这样的空间设计，员工可以更自由地交流想法和分享信息，从而使团队凝聚力增强和工作效率提高。此外，开放式工作空间也为员工提供了更多的灵活性，使他们能够根据需要调整自己的工作方式，以便更好地适应不同的工作任务。

技术支持与协作区还应提供灵活的会议室和讨论区，以支持多种形式的会议和讨论。不同团队有着不同的需求，灵活的会议空间可以满足从小组讨论到大型会议的各种需要。这样的设计不仅能够提高会议的效率，还能为创新和问题解决提供一个良好的环境。通过配置先进的音视频设备和可移动的家具，会议室可以根据具体需求进行调整，为员工提供更加便利的使用体验。

（四）休息与交流区

休息与交流区在电网营业厅的整体设计中扮演着至关重要的角色。合理的休息区设计不仅能提升客户的整体体验，还能在无形中提高营业厅的服务质量。休息区应配备舒适的座椅和休闲设施，以便顾客在办理业务的间隙能够得到放松和休息。这种人性化的设计考虑不仅能够缓解客户的疲劳，还能在一定程度上减少客户等待时的焦虑感。通过提供一个舒适的环境，使客户感受到被重视和关怀，进而提升他们对电网营业厅的整体满意度。

交流区的设计则应注重开放性，以鼓励顾客与工作人员进行非正式沟通。这种开放式布局可以打破传统服务模式中的隔阂，增强客户与工作人员之间的关系和信任感。通过这种方式，顾客可以更轻松地表达他们的需求和意见，而工作人员也能更及时地获取客户反馈。这种双向的沟通机制不仅有助于提高服务质量，还能为营业厅的持续改进提供宝贵的意见。交流区的设计在一定程度上体现了营业厅对客户关系的重视，也为客户提供了一个友好和开放的交流空间。

在休息与交流区内，信息展示屏的设置是不可或缺的一部分。通过这些屏幕，顾客可以获取到最新的业务信息和服务公告，确保他们能够及时了解相关资讯。这种信息传递方式不仅提高了顾客对电网营业厅的信任度，也能有效减少由于信息不对称而导致的误解和不满。此外，信息展示屏还可以用于推广新的服务和产品，以帮助顾客更好地理解和使用电网提供的各项业务，进一步提升客户的服务体验。

四、电网营业厅业务办理区的客户隐私保护措施

（一）物理隔断设计

在电网营业厅的业务办理区，物理隔断设计是客户隐私保护的重要措施之一。设置有效的物理隔断，可以确保客户在办理业务时的隐私不被泄露，减少外部干扰和视线干扰。这种设计不仅能够提升客户的安全感，还能使客户在办理业务时更加专注和放松。通过合理的隔断设计，营业厅可以在不增加人力成本的情况下，提高客户的满意度和信任感。

采用声学材料进行隔断设计，是降低噪声干扰的重要手段之一。声学材料能够有效阻隔外部噪声，营造一个安静的业务办理环境。这种环境不仅能提升客户的舒适度，还能提高员工的工作效率。在现代营业厅设计中，声学材料的使用已经成为一种趋势，其在保护隐私和提供舒适环境方面的作用得到了重视。

在窗口区域设置半透明隔断，是保护客户隐私的另一种有效方式。半透明隔断能够在不完全封闭空间的情况下，保护客户的隐私，同时保持空间的开放感。这种设计避免了完全封闭空间带来的压迫感，使客户在办理业务时感到更加轻松和舒适。半透明隔断的使用，体现了隐私保护与空间开放感之间的设计平衡。

设计可移动的隔断，为营业厅空间的灵活调整提供了可能。这种设计可以根据业务需求，灵活调整空间布局，以适应不同客户数量和业务类型的变化。可移动隔断的设计，不仅提高了营业厅的空间利用效率，还增强了其应对不同业务场景的能力。这种灵活性，使营业厅能够更好地满足客户的多样化需求。

（二）数据安全保护

在电网营业厅的业务办理区，数据安全保护是客户隐私保护的重要组成部分。建立严格的数据访问权限控制机制是首要任务，确保只有经过授权的人员才能访问客户隐私数据。这种控制机制不仅能有效防止客户信息泄露，还能在发生数据泄露事件时迅速追踪到相关责任人。通过限定访问权限，企业可以大幅降低数据被不当使用的风险，从而保护客户隐私。

采用先进的数据加密技术也是数据安全保护的关键措施之一。在数据存储和传输过程中，利用加密技术可以有效防止数据被窃取或篡改。加密技术确保了客户信息的安全性和机密性，使得即使数据在传输过程中被截获，未经授权的人也无法解密和利用这些信息。这种技术手段的应用，不仅增强了数据的安全性，还提升了客户对电网营业厅的信任度。

为了进一步提升数据保护能力，定期进行数据安全审计和风险评估是必不可少的。通过审计和评估，可以及时发现和修复潜在的安全漏洞，防止可能的安全事件发生。这一过程不仅帮助识别系统中的薄弱环节，还为数据安全策略的改进提供了依据。通过不断的审计和评估，营业厅能够保持高水平的数据安全防护，保障客户信息的安全。

建立完善的数据备份和恢复机制也是数据安全保护的重要环节。数据丢失或损坏可能对客户和营业厅造成严重影响，因此，确保数据能够迅速恢复至关重要。通过定期备份和有效的恢复机制，可以最大限度地保障客户信息的完整性，减少因数据丢失带来的不利影响。这一机制的建立，不仅是对客户信息的保护，也是对营业厅业务连续性的保障。

（三）隐私政策宣传

在电网营业厅的空间布局设计中，隐私政策的宣传是至关重要的一环。制定清晰的隐私政策，不仅需要明确对客户数据的收集、使用和存储的目的，还要增强客户对隐私保护的信任感。通过这种方式，营业厅能够在业务办理区内有效地维护客户的隐私权利。隐私政策的制定应当以客户为中心，确保政策条款的透明性和可理解性，使客户在办理业务时能够清楚地了解其个人信息将如何被处理和保护。

为了确保隐私政策能够有效传达给客户，营业厅应当通过多种渠道进行宣传。利用网站、营业厅内的宣传册以及电子屏幕等多种媒介，营业厅可以让客户在不同的接触点上都能轻松获取到有关隐私政策的信息。这种多渠道的宣传方式不仅提高了信息的可达性，还能通过反复的曝光增强客户对隐私保护的认知和重视。此外，通过视觉化的设计和简洁明了的语言，隐私政策的宣传可以更具吸引力，从而提高客户的关注度和理解度。

定期举办客户隐私保护知识讲座是提升客户对隐私政策理解的重要手段。这些讲座可以帮助客户更深入地了解隐私政策的具体内容和重要性，增强其对个人信息保护的意识和参与感。通过这种面对面的交流方式，营业厅可以更直接地与客户进行互动，解答其疑问，消除其对隐私保护的顾虑。同时，这种互动也能促进客户与营业厅之间的信任关系，从而提升整体的客户满意度和忠诚度。

在营业厅内设置隐私保护专员是进一步提升客户满意度的有效措施。这些专员可以为客户提供专业的咨询服务，解答其对隐私政策的疑问，帮助客户更好地理解和应用这些政策。隐私保护专员的存在不仅能够提高客户在业务办理过程中的安全感，还能通过专业的服务提升营业厅的服务质量和客户体验。同时，这种个性化的服务也有助于建立营业厅在客户心中的良好形象。

五、电网营业厅业务办理区的紧急情况应对区域设计

（一）紧急避难区规划

在电网营业厅中，紧急避难区规划是确保顾客和员工安全的重要环节。在规划过程中，紧急避难区应设置在远离主要人流和业务办理区域的位置。这种设计能够在紧急情况下提供一个不受干扰的环境，使顾客能够迅速前往避难区。避难区的选址应考虑到营业厅的整体布局，确保其位置既不影响日常业务的进行，又能在紧急情况下提供便利的通道。通过合理的空间规划，避难区可以有效减少在突发事件中可能产生的混乱和拥堵情况，从而提高整体安全性。

为了确保顾客能够在紧急情况下快速找到避难区域，避难区的入口必须具备明显的标识和指引。这些标识应当符合国际通用的紧急标识标准，使用醒目的颜色和清晰的图案，以便在各种环境下都能被迅速识别。同时，指引系统应覆盖整个营业厅，尤其是在顾客流动频繁的区域，确保每一位顾客都能在最短的时间内找到避难区入口。这一设计不仅提高了营业厅的安全标准，还增强了顾客在紧急情况下的应对信心。

紧急避难区的设施配备是保障顾客在紧急情况下基本需求的关键。避难区应配备必要的应急设施，如急救包、饮用水和通信设备。这些设施的存在能够在紧急情况下为顾客提供基本的生存保障，并为专业救援力量的到来赢得宝贵时间。此外，避难区的设计还应考虑到不同人群的需求，如为行动不便的顾客提供轮椅通道和辅助设施。通过全面的设施配备，营业厅能够在突发事件中提供更为周到的服务。

（二）应急通道与出口

应急通道与出口的设计是电网营业厅业务办理区空间布局中不可忽视的关键环节。它不仅关系到顾客在日常业务办理中的安全感，也涉及在突发紧急情况下，能够有效保障所有人员的生命安全。因此，应急通道应设计为无障碍通道，确保所有顾客，包括行动不便人士，能够安全迅速地撤离。无障碍设计的实施，不仅是对社会弱势群体的关怀，也是营业厅人性化服务的体现。通过合理的无障碍通道设计，可以在紧急情况下减少顾客的慌乱感，提升整体疏散效率。

应急通道的宽度设计必须严格遵循消防安全标准，以确保在紧急情况下能够容纳大量人员快速疏散，避免拥堵。宽度的合理设计能够在紧急情况下有效减少人员滞留时间，降低潜在的安全隐患。宽敞的通道不仅是物理空间的保障，更是心理安全的安抚，使顾客在面对突发事件时，能够保持相对的冷静和有序。此外，宽度设计的合规性也体现了营业厅对安全标准的严谨态度和责任感。

在营业厅内设置明显的应急通道指示标识，是确保顾客在紧急情况下能够迅速识别并遵循最佳撤离路线的必要措施。清晰、易懂的标识设计能够在紧急时刻为顾客提供明确的指引，避免因路线不清而导致的慌乱和延误。标识的设置不仅需要考虑其在正常光照条件下的可见性，也要确保在低光或烟雾环境下的辨识度。通过科学合理的标识布置，可以有效提高疏散效率，降低事故风险。

（三）应急通信与联络

在电网营业厅的业务办理区，建立高效的应急通信与联络系统是确保紧急情况下信息畅通和快速响应的关键。首先，需要建立多渠道的应急通信系统，包括无线对讲机和手机应用等，以确保在紧急情况下工作人员之间能够快速沟通和信息传递。这种多样化的通信手段可以在不同的紧急场景下提供冗余支持，确保信息能够及时传达。此外，设置应急联络人名单并在显著位置张贴，能够帮助员工和顾客在紧急情况下迅速找到负责应急响应的人员。这不仅提高了应急响应的效率，也增强了顾客的安全感和信任度。

为了进一步增强应急通信的可靠性，电网营业厅需要配备必要的应急通信设备，如便携式对讲机和移动电话。这些设备的配置可以确保在电力中断或网络故障时，仍然能够保持通信畅通，避免因通信中断而导致的混乱和延误。便携式对讲机的使用可以在短时间内实现大范围的人员联络，而移动电话则提供了更为灵活的沟通方式。此外，定期进行应急通信培训是提高员工对通信设备使用熟练度的重要措施。通过培训，员工能够在紧急情况下高效利用通信工具进行协调和指挥，确保应急措施的有效实施。

第二节　电网营业厅咨询等候区空间布局设计

一、电网营业厅咨询等候区的咨询台设计

（一）咨询台位置选择

在电网营业厅的空间布局中，咨询台的位置选择至关重要。咨询台应设置在营业厅入口附近，这样可以在顾客进入营业厅时第一时间为其提供信息和指引。这种布局不仅能减轻后续业务办理区的压力，还能有效地分流顾客，提高服务效率。通过在入口处设置咨询台，顾客可以在进入营业厅的瞬间就获得所需的信息，从而减少在营业厅内的徘徊时间，提高整体服务体验。

此外，咨询台应位于顾客流动路线的交会处。这样可以更好地引导顾客流向不同的服务区域，提升整体空间的流动性。通过合理的布局设计，咨询台可以成为顾客与服务区域之间的桥梁，帮助顾客快速找到所需的服务。这种设计不仅能

提高营业厅的运行效率，还能为顾客创造一个更加便捷、流畅的服务环境。

咨询台的位置选择还需考虑光线因素。将咨询台设置在光线充足的区域，能够确保顾客在咨询时能清晰看到工作人员的面部表情和服务信息。良好的光线条件可以增强沟通的亲和力，使顾客感受到温馨和关怀。这种设计细节虽然看似简单，却能显著提升顾客的满意度和服务体验。

同时，咨询台应与等候区相邻。这种布局可以让顾客在等待时随时进行咨询，提升客户的服务体验和满意度。通过将咨询台与等候区紧密相连，顾客在等待的过程中能更方便地获取信息，减少因等待带来的焦虑感，从而提升整体服务质量。

（二）咨询台功能分区

电网营业厅的咨询台设计在整个空间布局中占据着重要地位，其功能分区的合理设置将直接影响到顾客的服务体验。咨询台应设有信息查询区，提供详细的业务办理流程、收费标准和服务项目信息。这不仅有助于顾客快速获取所需资料，还能有效减少因信息不对称而导致的沟通障碍。通过设置信息查询区，顾客能够在进入营业厅后便捷地了解所需办理的各项业务细节，从而提升整体服务效率。

为了进一步提高客户满意度，咨询台需要配备专业人员。这些人员不仅负责解答顾客的疑问，还要提供个性化的咨询服务。通过专业的服务，顾客能够在短时间内得到准确的信息和建议，减少等待时间，提升服务体验。专业人员的存在使得顾客在面对复杂的业务问题时能够获得及时有效的帮助，这在一定程度上也提升了营业厅的专业形象。

在现代服务环境中，自助服务的普及是大势所趋。为此，咨询台附近应设置自助查询终端。这些终端为顾客提供了一个便捷的自助信息查询渠道，尤其在业务高峰期能有效减轻人工咨询的压力。通过自助查询终端，顾客可以自主获取相关信息，减少排队等待时间，提高营业厅的运作效率。同时，这种自助服务模式也符合现代消费者追求便捷高效的需求。

二、电网营业厅咨询等候区的座椅配置

（一）座椅数量与类型

在电网营业厅的咨询等候区，座椅的数量与类型是空间布局设计中的关键

要素。座椅数量的确定应基于对客户流量的科学预测，尤其是在高峰时段，确保有足够的座位供顾客使用，以提升其等候体验。通过对历史数据的分析和对未来客户流量的合理预估，可以有效避免因座位不足导致的客户不满，提高服务质量。座椅类型的选择同样至关重要，应充分考虑不同顾客的需求，提供多样化的座椅选择，包括舒适型座椅和便携式座椅，以满足长时间等待和短时间休息的不同需求。这种多样化的座椅配置不仅能提升顾客的舒适度，还能增强营业厅的服务形象。

电网营业厅咨询等候区的座椅布局应遵循合理分散的原则，避免将座椅集中在某一个特定区域。合理的座椅分布有助于减少拥堵，提高空间的流动性和舒适度。通过科学的布局设计，可以有效引导顾客的流动，减少等候区的拥挤现象。座椅的布置应考虑到营业厅的整体空间结构，结合实际情况进行调整，以实现最佳的空间利用率。此外，座椅的布局还应与其他功能区域相协调，例如咨询台和自助服务设备，确保顾客在等候期间能够方便地获取所需的服务信息。

座椅的设计细节同样不容忽视，尤其是扶手和靠背的配置。座椅应配备适当的扶手和靠背，以增强顾客的舒适感，并提供必要的支撑。对于老年人和身体不便的顾客，舒适的座椅可以显著提升他们的等候体验。扶手和靠背不仅为顾客提供了身体上的支撑，还能为其提供心理上的安全感，减少长时间等待带来的疲劳。通过人性化的设计，电网营业厅能够更好地满足顾客的多样化需求，提升整体服务质量和顾客满意度。

（二）座椅布局优化

在电网营业厅的咨询等候区中，座椅布局的优化是提升顾客体验的关键环节。合理的座椅布局不仅可以提升空间的利用效率，还能提高顾客的舒适度和满意度。通过科学的设计，座椅布局能够有效缓解顾客在等候过程中的焦虑感，促进顾客之间的互动和交流。尤其在现代电网营业厅的设计中，座椅布局的优化需结合顾客的行为习惯和心理需求，打造一个舒适、便捷的等候环境。

在电网营业厅的咨询等候区，顾客的等候时间长短不一，因此座椅的配置需要进行合理分区，以满足不同顾客的需求。短时间休息区可以采用高脚椅或站立式座椅，方便顾客快速办理业务；而长时间等候区则应配备舒适的座椅，提供更为放松的环境。此外，分区的设计还应考虑到顾客的隐私和舒适度，确保每位顾客在等候过程中能够感受到被重视和关怀。

座椅布局的设计不仅要关注顾客的舒适度，还需考虑到顾客之间的互动和交流。在开放性的座椅布局中，顾客可以更方便地进行咨询和交流，促进信息的共享和传播。避免座椅间的过多阻隔，不仅可以提升顾客的等候体验，还能增强营业厅的整体氛围。通过合理的布局设计，顾客在等候过程中可以更轻松地获取所需信息，提高整体服务效率。

电网营业厅的座椅布局需与等候区的流动路线设计相协调，以确保顾客的流动性和便利性。

（三）合理的流动路线设计

流动路线，是指人在室内外移动的路径，这些路径连在一起就形成了动线。动线能够优化移动效率，减少无效往返，可以避免顾客在等候过程中产生拥堵和不便，同时也能提高营业厅的服务效率。在座椅布置中，应充分考虑顾客的进出路径，确保每位顾客都能顺畅地到达目的地，而不影响其他顾客的流动。此外，流动路线的设计还应考虑到安全性和舒适度，为顾客提供一个安全、便捷的等候环境。

（四）座椅舒适度提升

在电网营业厅咨询等候区的设计中，座椅舒适度的提升是一个关键因素。座椅不仅是顾客在等待过程中接触最多的设施之一，也是直接影响顾客体验的重要环节。通过选用符合人体工程学设计的座椅，可以确保座椅的高度、宽度和倾斜角度适合不同体型的顾客，从而提升长时间等候时的舒适感。人体工程学设计的座椅能够有效地支撑顾客的身体，减少长时间坐姿带来的疲劳和不适感，这对于提高顾客满意度和整体服务体验具有重要意义。

在座椅表面材料的选择上，透气性强、柔软且耐用的材质是提高舒适度的关键。这些材料能够避免长时间接触导致的不适感，同时提升了座椅的使用寿命。在炎热的季节，透气性良好的材料可以有效地减少汗液积聚，保持座椅的清爽和舒适。此外，柔软的材质能够提供更好的触感，使顾客在坐下的瞬间感受到舒适和放松。耐用的材质则保证了座椅在高频使用下的持久性和美观性，减少了维护和更换的频率。

为了满足顾客对个性化舒适度的需求，座椅可以增加附加功能，如可调节的靠背和头枕。这些功能能够根据顾客的个人需求进行调整，以提供更好的支撑和舒适感。可调节的靠背可以帮助顾客找到最舒适的坐姿，减少背部和颈部的压力，而可调节的头枕则能为长时间等候的顾客提供额外的头部支撑。这种个性化的设计不仅提升了顾客的等候体验，也展示了营业厅对顾客需求的关注和重视。

此外，在座椅周围设置适当的脚凳或腿部支撑装置，能够为长时间等候的顾客提供额外的舒适支持。这对于老年人和行动不便人士尤为重要，帮助他们在等待过程中保持舒适的姿势，减少腿部和脚部的疲劳感。脚凳或腿部支撑装置的设计应考虑到不同顾客的需求，提供可调节的高度和角度，以适应不同的体形和坐姿的人。这种设计不仅提高了等候区的舒适度，也体现了营业厅对顾客多样化需求的包容性和人性化关怀。

三、电网营业厅咨询等候区的信息展示与导引系统设计

（一）信息展示屏设置

信息展示屏在电网营业厅的咨询等候区中扮演着至关重要的角色。它不仅是顾客获取信息的主要渠道之一，也是提升营业厅服务质量的关键因素。信息展示屏应具备实时更新功能，能够动态显示业务办理进度、排队情况和重要通知。这种功能的实现确保了顾客能够在第一时间获取最新的服务信息，减少了因信息滞后而导致的等待时间和不必要的顾客焦虑。同时，展示屏的实时更新还可以提高营业厅的服务响应速度，增强顾客对服务的信任感和满意度。

展示屏的位置设置是影响其功能发挥的重要因素。为了提高信息的可见性和获取效率，展示屏应设置在顾客视线易看到的区域，如等候区的正前方或咨询台的旁边。这样的布局可以确保顾客在进入等候区时，第一时间注意到展示屏上的信息，从而有效引导顾客的行为，减少不必要的询问和混乱。此外，合理的位置选择还可以优化营业厅的空间使用，提高整体服务流程的流畅性和效率。

信息展示屏不仅需要具备强大的功能，还应注重信息呈现的丰富性。通过支持多媒体内容展示，包括文字、图片和视频，展示屏可以提升顾客的视觉体验和信息吸引力。多样化的展示方式不仅能够更好地传达信息，还能吸引顾客的注意力，使其更愿意停留和关注。这种丰富的信息呈现方式可以增强顾客对营业厅的整体印象，提升其对服务的满意度和忠诚度。

（二）导引系统设计

导引系统设计在电网营业厅咨询等候区的空间布局中扮演着至关重要的角色。通过设置清晰的动态导向标识，营业厅可以利用灯光或电子指示牌来实时更新顾客的流动方向。这种设计不仅能够确保人流的高效分配，还能有效避免区域内的拥堵现象。动态导向标识的灵活性使其能够根据实际情况进行调整，提升顾客的体验感受。同时，合理的导引系统可以减少顾客在营业厅内的停留时间，提高整体服务效率。

为了进一步提升无障碍服务的覆盖范围和便利性，引入语音导引系统是一个重要的设计。语音导引系统能够为视力障碍人士提供清晰的语音导航服务，帮助他们在营业厅内顺利找到所需的服务窗口或功能区。这一系统不仅体现了对特殊人群的人文关怀，也在一定程度上提高了营业厅的服务水平。语音导引系统的应用，能够有效减少视力障碍人士的困扰，增强他们的独立性和自信心。

此外，在等候区安装交互式触摸屏是提升顾客自助服务体验的又一关键举措。通过这些交互式触摸屏，顾客可以方便地查询业务办理流程、窗口位置以及排队情况。这种信息的透明化和可获得性大大增强了顾客的自主性，使他们能够更好地规划自己的时间，减少不必要的等待。交互式触摸屏的应用，不仅提高了顾客的满意度，也在无形中优化了营业厅的服务流程。

（三）互动信息查询

互动信息查询在现代电网营业厅的空间布局中扮演着关键角色。设置互动式信息查询终端旨在为客户提供多功能查询服务。这些终端不仅可以帮助客户了解业务办理流程、收费标准和服务项目详情，还能显著提升客户的自助服务能力。通过这样的设计，营业厅能够有效减少客户在咨询过程中所需的时间和精力投入，从而提高整体服务效率。这种自助服务模式不仅满足了现代客户的自主性需求，还为营业厅的服务资源优化配置提供了可能。

引入语音识别和触摸屏技术是互动信息查询系统设计中的重要创新。这些技术的应用允许客户通过语音或手势操作来查询所需信息，极大地增强了系统的互动性和使用便捷性。语音识别技术可以识别客户的口述指令，而触摸屏技术则提供了直观的操作界面，使得查询过程更加流畅和人性化。这些技术的结合不仅提升了客户的使用体验，也体现了电网营业厅在信息技术应用上的先进性。

在互动信息查询系统中，集成客户反馈功能是提升服务质量的关键一步。客户在查询过程中可以随时提交意见和建议，这不仅有助于营业厅了解客户的真实需求和体验，还能为服务质量的持续改进提供宝贵的参考意见。通过收集客户的反馈信息，营业厅能够及时调整和改进服务内容，确保客户在每次访问中都能获得更好的体验。这种反馈机制的建立，体现了营业厅对客户意见的重视和对不断改进服务的积极态度。

四、电网营业厅咨询等候区的儿童娱乐区设计

（一）儿童娱乐区位置选择

在电网营业厅的空间布局中，儿童娱乐区的位置选择至关重要。合理的位置不仅可以提高儿童的安全性，还能优化整体的客户服务体验。儿童娱乐区应设置在等候区的边缘地带，这样可以避免与主要人流的交叉，确保儿童活动的安全性和顾客流动的顺畅性。通过这样的设计，营业厅可以有效地减少人群拥堵，提升整体环境的舒适度。此外，将儿童娱乐区安排在边缘地带，还能为儿童提供一个相对独立的活动空间，降低对其他顾客的干扰。

儿童娱乐区的设计还应考虑其与咨询台或服务台的距离。将儿童娱乐区靠近这些服务点，能够便利家长在陪同儿童的同时，获取服务信息或进行业务咨询。这种设计不仅方便了家长，也提高了营业厅的服务效率。家长在等待的过程中，可以随时关注儿童的动态，而不必频繁走动，这样的安排也有助于减少等候区内的混乱情况。同时，靠近咨询台的儿童娱乐区还能让服务人员及时协助家长，提供必要的帮助。

为了提升儿童的活动体验，儿童娱乐区应尽量远离噪声较大的区域，如窗口办理区。这样的安排可以营造一个安静舒适的环境，使儿童能够专注于娱乐活动，而不受外界噪声的干扰。安静的环境不仅有助于儿童的心理放松，还能减少他们的焦躁情绪，提高他们在营业厅内的整体体验。通过合理的隔音设计和布局规划，营业厅可以有效地控制噪声，提升客户的满意度。

选择自然采光良好的区域作为儿童娱乐区，是提升其吸引力的重要手段。在自然光线的照射下，儿童娱乐区显得更加明亮温馨，这种氛围能够有效地吸引儿童的注意力，激发他们的活动兴趣。同时，结合适当的人工照明，可以在光线不足的情况下，保持娱乐区的明亮度。这样的光照设计，不仅提升了儿童

的视觉体验，还能增强他们的安全感，使家长更加放心地让孩子在其中活动。

（二）娱乐设施配置

在电网营业厅的咨询等候区内，儿童娱乐区的设计需要考虑多方面因素，以确保儿童在此区域内的安全和愉悦体验。娱乐设施的配置是其中的关键环节。配置软质地垫和护栏是必不可少的，这些设施能够有效地减少儿童在娱乐区活动时因意外碰撞而受伤的风险，确保他们在一个安全的环境中尽情玩耍。软质地垫的选择需考虑其防滑性和抗菌性，而护栏则需要具备足够的高度和稳固性，以有效隔离儿童活动区域与其他区域。

互动式益智游戏设备的设置是儿童娱乐区的一大亮点。这些设备不仅可以吸引儿童的注意力，还能够促进他们的智力开发和动手能力。拼图、积木和触摸屏教育游戏等设备，能够通过寓教于乐的方式激发儿童的创造力和思维能力。特别是触摸屏教育游戏，可以通过丰富的图像与声音互动，提升儿童的学习兴趣和专注力，为他们提供一个探索和学习的互动平台。

多样化的娱乐设施配置是满足不同年龄段儿童需求的关键。滑梯、小型攀爬架和摇摇车等设施，不仅能够锻炼儿童的体能，还能满足他们的冒险和探索欲望。滑梯和攀爬架需要根据不同年龄段儿童的身高和体重进行设计，以确保其安全性和适用性。摇摇车则需选用耐用材料制作，并具备稳定的结构，以防止倾倒和损坏。

为了提升整体使用体验，在儿童娱乐区内设置舒适的休息座椅和储物柜是非常有必要的。家长在陪伴儿童时，可以在舒适的座椅上短暂休息，同时储物柜为他们提供了一个存放随身物品的便利空间。这不仅提升了家长的使用体验，也使得整个娱乐区的功能更加完善和人性化，为电网营业厅的整体服务质量增添了亮点。

（三）安全防护措施

在电网营业厅的咨询等候区，儿童娱乐区的设计不仅要满足儿童活动的需求，同时也必须确保其安全性。安全防护措施是儿童娱乐区设计中至关重要的环节。通过在儿童娱乐区周围安装柔性围栏和安全门，可以有效防止儿童意外进入其他区域或发生碰撞。这种设计不仅能限定活动范围，还能在一定程度上缓解家长对儿童安全的担忧。此外，柔性围栏的使用材料应确保无毒无害，避免对儿童健康造成潜在影响。通过合理的空间划分与安全措施，儿童可以在一个相对独立且安全的环境中愉快地活动。

儿童娱乐区的地面和设备需要特别注意防滑处理，以减少儿童在活动中滑倒或受伤的风险。为此，选择高质量的防滑材料是必不可少的，并且这些材料需要定期检查和更换，以保证其持久的防滑性能。尤其是在潮湿天气或地面有水渍的情况下，防滑材料的作用更加显著。此外，娱乐区内的设备也须具备圆滑的边缘设计，以防止儿童在玩耍过程中受到磕碰伤害。通过一系列预防措施，能够有效提升儿童娱乐区的安全性，使其成为一个让家长放心的区域。

在儿童娱乐区内设置实时监控摄像头，能够让家长通过显示屏随时观察儿童的活动情况，这不仅提升了安全管理水平，也为家长提供了心理上的安慰。实时监控系统需要具备高分辨率和广角视野，以确保覆盖整个娱乐区的每一个角落。与此同时，监控数据的储存和使用也需遵循相关隐私保护法规，确保不侵犯个人隐私。通过科技手段的介入，儿童娱乐区的安全性可以得到极大提升，家长也能更加安心地让孩子在此区域活动。

为了应对突发情况，儿童娱乐区应配备紧急呼叫按钮和急救箱，这些设施能够在儿童发生意外时迅速通知工作人员并提供必要的紧急救助。紧急呼叫按钮应设置在儿童和家长都能方便触及的位置，并配备明显的标识以便于识别。急救箱内需储备常用的急救药品和器材，并定期检查补充。工作人员应接受急救培训，以便在紧急情况下能够迅速有效地采取救助措施。通过完善的安全防护措施，儿童娱乐区可以成为一个既充满乐趣又安全可靠的场所。

第三节　电网营业厅宣传展示区空间布局设计

一、电网营业厅宣传展示区的主题展示区规划

（一）展示内容策划

电网营业厅宣传展示区的展示内容策划是提升客户体验、传播企业形象的重要环节。展示内容应聚焦电网服务的核心业务，例如供电保障和智能电表应用等，通过实物模型和互动屏幕等形式进行直观呈现。这种方式不仅能够使客户更清晰地理解电网服务的具体内容，还能通过互动体验增强客户的参与感和

记忆度。例如，通过智能电表的操作演示，客户可以直观了解其功能与优势，从而提升对电网服务的认知水平。这种内容策划不仅具有信息传递功能，还能有效强化客户与电网企业之间的联系，形成良好的互动氛围。

在展示内容策划中，节能环保专题内容的设置是不可忽视的重要部分。这一专题可以通过展示电网企业在绿色能源推广和低碳发展方面的实际成果，来提高公众的环保意识和企业形象认同度。例如，展示区可以通过动态数据屏幕展示电网企业在清洁能源接入、碳排放减少等方面的具体成效，同时结合图文展板和数字化演示，进一步强化公众对电网企业在节能环保领域的贡献认知。这不仅能够体现企业的社会责任，还能吸引更多客户参与到绿色能源的推广行动中，形成企业与客户之间的环保共识。

电力安全教育模块的引入是宣传展示区策划的一大亮点。通过场景模拟和视频演示等方式，向客户普及用电安全知识，既增强了展示区的互动性，也提高了内容的实用性。例如，可以设置家庭用电安全场景模拟区，展示常见的电力安全隐患及其解决方案，让客户在参与互动中学习安全用电知识。同时，通过播放短视频或动画演示，用生动的形式讲解复杂的安全知识，使客户能够轻松理解并记住关键内容。这种模块不仅具有教育功能，还能进一步提升客户对电网企业的信赖感。

此外，电网技术发展展示区的设置是宣传展示区策划中提升科技感的重要手段。通过展示电网企业在智慧电网、储能技术等领域的先进技术与设备，可以有效增强展示区的吸引力。例如，展示区可以通过实物模型、技术演示和多媒体互动的方式，向客户展示智慧电网的运行原理及其应用场景，同时介绍储能技术在提升能源效率方面的实际应用。这种内容不仅能够吸引客户的关注，还能增强客户对电网企业技术实力的认同感，进而提升企业的品牌价值。

（二）展示形式设计

展示形式设计是电网营业厅宣传展示区空间布局优化的重要环节，其核心在于通过多样化的展示手段提升客户的体验感和信息获取效率。采用沉浸式体验设计是其中的关键创新之一，通过虚拟现实（VR）和增强现实（AR）技术，将客户带入电网服务的运行场景中，直观感受电网技术的复杂性与先进性。例如，客户可以通过佩戴 VR 设备，身临其境地观察电网设备的运转过程，了解电网服务如何保障日常生活的稳定供电。这种技术不仅增强了客户的参与感，还使抽象的技术概念变得可视化和易于理解，进一步拉近了客户与电网服务之间的距离。

互动投影技术的引入为展示区增添了动态性和趣味性。通过在地面或墙面投射动态内容，客户可以通过手势或触摸与展示内容进行实时互动。例如，客户在展示区可以通过触摸墙面上的投影图像，了解电网设备的结构或操作原理。这种互动设计不仅提高了展示区的吸引力，还为客户提供了主动探索和学习的机会，有助于加深对电网服务和技术的印象。这种技术的应用也体现了现代科技与展示空间设计的深度融合，为传统展示形式注入了新的活力。

模块化展示装置的设置进一步增强了展示区的灵活性和适应性。模块化设计允许展示内容根据不同活动主题进行快速更换和调整。例如，在特定的宣传活动中，可以迅速替换展示模块以突出某种电网技术或服务的优势。这种设计不仅能够满足多样化的展示需求，还能有效节约资源和时间成本。同时，模块化装置的可重复使用性也使其成为一种可持续的空间设计方案，体现了电网营业厅在空间布局优化中的环保意识和经济效益。

全息影像技术的应用使得复杂的电网技术原理通过三维动态效果得以直观呈现，客户可以通过全息影像观察电网设备的内部构造和工作过程，如电网变压器的运行原理或线路维护的具体步骤。这种展示形式不仅增强了科技感和视觉冲击力，还为客户提供了一种学习电网技术的全新视角。全息影像技术的使用不仅体现了电网营业厅的技术创新能力，也进一步提升了其宣传展示区的整体竞争力。

二、电网营业厅宣传展示区多媒体展示设备设计

（一）设备选型与配置

在电网营业厅宣传展示区的空间布局设计中，多媒体展示设备的选型与配置是提升展示效果和客户体验的关键环节。选择高清晰度的多媒体显示设备尤为重要。这类设备不仅能够呈现细腻的画质，还能在不同光照条件下保持高可见性，无论是自然光照还是室内人工光源环境，都能确保展示内容的清晰呈现。这种设计能够有效提升客户的信息获取效率，使客户能够快速准确地理解展示内容，进而优化他们的服务体验。此外，高清晰度显示设备的应用还有助于强化宣传展示区的专业形象，体现电网营业厅的技术实力和服务品质。

互动触摸屏设备的配置则进一步增强了客户的参与感和体验感。通过触摸屏，客户可以自主选择感兴趣的内容进行浏览，或通过互动模块参与问答、模拟操作等功能，从而实现从被动接收信息到主动获取信息的转变。这种交互式设计不仅能够吸引客户在营业厅内停留更多时间，也能通过个性化的信息展示满足不同客户的需求。同时，互动触摸屏的引入还可以减轻工作人员的咨询压力，提高营业厅的整体服务效率。通过这种方式，营业厅不仅成为信息传递的场所，也成为客户与企业之间交流的互动平台。

多功能音响系统的引入则旨在通过声音的传递进一步优化客户的感官体验。音响系统支持背景音乐播放，可以营造出轻松舒适的环境氛围，同时利用语音导引功能，为客户提供清晰的指引和服务信息。例如，在客户进入展示区时，音响系统可以通过语音播报介绍展示内容的主题和亮点，引导客户有序参观。这种多层次的音频设计不仅能够提升客户的沉浸感，还能有效传递重要信息，确保客户在有限的时间内获取到核心内容。

为了确保多媒体展示设备的稳定运行与高效管理，高性能计算机控制系统的配备不可或缺。该系统能够对多媒体设备进行统一的监控和管理，确保设备的稳定运行和内容的快速切换。例如，在客户需求较多的高峰时段，计算机控制系统可以快速切换展示内容，避免客户因等待过久而导致体验下降。此外，该系统还能够实时检测设备的运行状态，及时发现并解决潜在的故障问题，从而保障展示区的持续高效运行。这种技术支持不仅提升了展示的流畅性，也体现了电网营业厅在智能化管理方面的专业性。

（二）设备布局与安装

多媒体展示设备的合理布局与科学安装是电网营业厅宣传展示区设计的关键环节，直接影响顾客的互动体验与展示内容的传播效果。展示设备应根据空间布局合理分散，避免集中在某一特定区域。这样的设计不仅能够有效避免设备聚集导致的空间拥挤，还能让顾客在不同区域均能接触到各类展示内容，提升宣传效果的覆盖率和均衡性。通过优化分布，营业厅可以更好地满足不同顾客的需求，增强空间的功能性与实用性。

在设备安装过程中，电源和网络接口的布局是需要优先考虑的核心问题。稳定的电力和网络支持是多媒体设备正常运行的基础，尤其是在展示内容涉及实时数据更新和动态演示时，更需要确保网络的高效性和电力的持续性。因此，在设备安装前，应对展示区的电源接口与网络布线进行科学规划，避免因接口位置不当而影响设备的运行效果。同时，合理的布线设计也能避免线路杂乱无章，从而提升整体空间的美观度和专业性。

为满足不同展示需求，展示区内应设置可调节的设备支架。这些支架可以灵活调整设备的高度和角度，以适应不同的展示内容和目标受众。例如，在播放动态视频时，可以调整设备至适宜的观看高度，而在展示静态信息时，则可以根据顾客的视线角度进行优化。这种灵活性设计不仅能够提升客户的观看体验，还能增强设备的多功能性，使其能够适应多样化的展示场景。

设备布局还需充分考虑顾客的活动需求，留出足够的通道和活动空间。展示区空间的流动性和舒适度对于顾客的体验至关重要。如果设备布局过于密集，可能会导致顾客在移动时受到阻碍，甚至引发安全问题。因此，在设计时，应确保设备之间的间隔合理，通道宽敞，能够容纳多位顾客同时参观。这种人性化的空间设计能够有效提升顾客的满意度，增强其对营业厅的好感。

（三）内容制作与更新

在电网营业厅宣传展示区的多媒体展示设备设计中，内容制作与更新是实现展示效果和客户体验提升的核心环节。通过制订定期内容并更新计划，可以确保展示内容与电网行业的最新动态和企业发展的方向保持一致。这种动态更新的机制不仅能够增强展示内容的时效性，还能够使客户在访问营业厅时感受到企业的专业性和前瞻性。特别是在电力行业快速发展的背景下，及时更新内容是展示企业技术创新、服务能力和社会责任的重要手段，同时也能更好地满足客户对信息获取的高标准需求。

为了确保展示内容的准确性和专业性，建立内容审核机制是必不可少的一个环节。所有展示材料在发布之前，应经过专业人员的严格审核，以避免因信息不准确而导致客户误解或不满。这种机制不仅是对客户权益的保护，也是对企业形象的维护。通过系统化的审核流程，可以有效提升内容的可信度和权威性。特别是在涉及电网新技术、新政策或服务流程的展示时，严谨的审核机制能够确保每一条信息都符合行业标准和客户需求，从而增强客户对企业的信任感。

利用数据分析工具对展示内容的受欢迎程度和客户反馈进行定期评估，是优化展示策略的重要手段。通过对客户行为数据的深入分析，可以发现哪些内容形式和主题更能吸引客户的注意力，并据此进行内容的调整和优化。这种基于数据驱动的内容管理方式，不仅能够提升展示的针对性，还能为客户提供更加个性化的体验。例如，通过分析客户对互动展示设备的使用频率，可以进一步优化互动内容的设计，从而提升客户的参与感和满意度。

与专业内容制作团队的合作，是确保展示内容专业性和创意性的有效途径。专业团队能够根据电网行业的特点和客户需求，设计出既具有视觉冲击力又富有信息含量的展示内容。此外，通过将创意设计与企业文化相结合，可以进一步提升展示的整体效果。例如，在展示区中融入企业的绿色发展理念或智能电网技术亮点，不仅能够体现企业的核心价值观，还能增强客户对企业的好感和信任。这种合作模式能够有效提升宣传展示区的整体水平，为客户提供更加优质的参观体验。

三、电网营业厅宣传展示区实物模型与样品展示设计

（一）实物模型与样品选择

电网营业厅宣传展示区的实物模型与样品选择是空间布局设计中至关重要的一环，其目的在于通过直观的展示手段，让客户深入了解电网基础设施的构造及功能。选择具有代表性的电网设备模型，如变压器和配电柜，不仅能够展现电网运行的核心技术，还能帮助客户建立对电网运行机制的直观认知。变压器模型可以展示电压转换过程中的技术原理，而配电柜模型则能够体现电力分配的关键环节。这种展示方式不仅能够提升客户对电网技术的兴趣，还能在潜移默化中增强其对电网企业专业性的认可。

智能电表作为电网智能化服务的重要载体，其样品展示在宣传展示区中具有不可或缺的地位。通过展示最新的智能电表样品，可以向客户清晰地传递其功能和优势，例如用电数据的实时监测、远程控制及节能管理等。这种展示不仅能够帮助客户理解智能化服务对电力管理的深远影响，还能引导客户参与到智能电网的应用中，从而提升社会对智能电力服务的接受度与支持度。智能电表样品的展示，应注重与客户需求的紧密结合，通过简洁易懂的说明和操作，降低技术认知的门槛。

在电网宣传展示区内，设置可操作的电力安全示范模型是增强客户互动体验的重要方式。这些示范模型通过模拟日常生活中的用电场景，向客户展示正确的用电方式及潜在的安全隐患。例如，通过模拟电器短路或过载的演示，客户能够直观感受到用电不当可能引发的危险，从而提高其用电安全意识。这种

互动式的展示不仅能够强化客户对电力安全知识的记忆，还能提升电网企业在公众心中的社会责任感与形象。

此外，展示电网企业在可再生能源领域的样品，如太阳能板和风力发电机模型，是宣传展示区空间布局设计的创新亮点。通过这些样品，客户能够直观感受到电网企业在绿色能源转型中的努力和成就。这种展示不仅能够体现企业的技术实力与社会责任，还能向公众传递可持续发展的理念，进一步增强客户对企业品牌的认可度。样品展示应注重样品设计的美观性与科技感，以吸引客户驻足，并通过多媒体配合，全面展现电网企业在绿色能源领域的探索与实践。

（二）展示架与展示台设计

展示架与展示台的设计是电网营业厅宣传展示区空间布局中的关键环节，其设计直接关系到展示效果及顾客的观感体验。展示架应设计为模块化结构，以满足不同展示内容的需求。模块化设计不仅能够快速调整和更换展示内容，还能在营业厅进行不同主题活动或推广时提供极大的灵活性和适应性。通过模块化的设计理念，展示架能够在有限的空间内实现多种功能转变，优化资源配置，提升展示区的使用效率，从而满足电网营业厅多样化宣传需求。

展示台的设计则应注重多层次展示平台的应用，以确保不同高度的模型和样品都能被顾客清晰地看到。多层次的展示结构能够有效利用垂直空间，避免展示内容因高度限制而被遮挡，从而增强展示的视觉吸引力。此外，这种设计方式能够引导顾客的视线流动，形成动态的观赏体验，进一步激发顾客对展示内容的兴趣。通过科学合理的展示台设计，可以显著提升展示区的空间利用效率和展示效果，为顾客提供更加直观和愉悦的体验。

在材质选择方面，展示架与展示台应注重环保和可持续性，优先使用可回收材料。这不仅符合当前绿色环保的发展趋势，也有助于提升电网企业的绿色形象。通过采用环保材质，展示区能够体现企业在社会责任方面的担当，增强品牌的社会认可度。同时，环保材料的使用还可以降低长期运营成本，体现经济效益与社会效益的双重价值。这样的设计理念将展示架与展示台的功能性与企业形象建设有机结合，为电网营业厅的可持续发展提供支持。

为了确保展示内容始终保持良好的视觉效果，展示架还应设计为易于维护和清洁的结构。容易维护的设计能够有效延长展示架的使用寿命，降低维护成本，同时保持展示区的整洁和专业形象。清洁方便的结构设计可以减少灰尘和污垢对展示内容的影响，确保展示物品始终处于最佳状态，从而提升顾客的观感体验。通过优化展示架与展示台的设计细节，电网营业厅能够更好地满足日常运营需求，并进一步强化其作为现代化服务窗口的专业性与吸引力。

（三）灯光与背景布置

灯光与背景布置在电网营业厅宣传展示区的设计中具有重要作用。灯光设计应采用可调节亮度和色温的LED灯具，以适应不同展示内容的需求。这种可调节的灯光方案不仅可以根据展示内容的特点进行灵活调整，还能够在视觉效果上更好地突出展示重点，提升顾客的沉浸感。通过合理的灯光设计，可以有效减少展示区内的光污染，同时避免因光线过强或过弱而导致的视觉疲劳，从而为顾客提供更为舒适的观展体验。这种灯光设计理念体现了以顾客体验为核心的空间布局优化原则。

背景布置需要结合电网主题，使用与品牌形象相符的色彩和图案，以增强展示区的识别度和文化氛围。背景设计不仅是对展示区整体风格的补充，更是品牌文化传递的重要途径。通过融入电网主题元素，例如电力线路、能源转换的图示或品牌标志性的色彩搭配，可以在视觉上强化品牌认知，形成独特的展示区形象。同时，背景布置还应注意与灯光效果的协调，确保其不会干扰展示内容的视觉呈现，而是起到烘托和引导的作用。

在具体的灯光布置中，展示区可以设置聚光灯和氛围灯的组合，在突出重点展示内容的同时营造整体温馨舒适的环境。聚光灯能够精准地将视线引导至核心展示内容上，增强展示的吸引力，而氛围灯则通过柔和的光线调节整体空间的舒适感，使顾客更愿意驻足停留。两者的合理搭配不仅可以提升展示区的空间层次感，还能在无形中增强顾客与展示内容之间的情感联结，从而提升展示效果。

（四）标签与说明

标签与说明在电网营业厅宣传展示区的设计中具有重要作用。标签应清晰简洁，能够准确传达每个展示内容的主题与目的。这种设计不仅能够帮助顾客快速理解展示信息，还能有效提升展示区的功能性和信息传播效率。通过明确的标签内容，顾客能够在较短时间内获取关键信息，从而提高对展示区的关注度和参与度。标签设计的核心在于简化信息传递过程，避免冗长和复杂的表述，以满足顾客在营业厅内快速获取信息的需求。

视觉吸引力是标签设计的重要考量因素。标签的色彩和字体选择应符合品牌形象，确保整体设计风格的一致性。通过运用统一的视觉元素，标签不仅能够增强展示区的美感，还能进一步提升品牌的专业性和辨识度。色彩的搭配应考虑展示区的空间环境，避免过于突兀的设计；字体选择则应兼顾易读性和视觉效果，以确保信息能够被顾客轻松理解。视觉吸引力的提升能够强化顾客的体验感，使展示区更具吸引力。

标签内容的设计应注重实用性和信息性。除了展示内容的主题说明，还应包括必要的操作说明和背景信息。这些信息能够帮助顾客在互动过程中获取更多知识，提升参与体验。例如，对于实物模型的展示，标签可提供产品的技术参数、使用场景以及相关的服务信息。这种内容的补充不仅能增强顾客对展示内容的理解，还能促使顾客进一步关注电网营业厅提供的产品和服务，从而提升互动效果。

四、电网营业厅宣传展示区宣传资料架与阅读区设计

（一）宣传资料架配置

宣传资料架的设计在电网营业厅宣传展示区中具有重要意义，其优化不仅关乎空间的合理利用，更直接影响宣传效果。模块化设计是资料架配置的核心原则之一，通过模块化设计，可实现根据宣传内容灵活调整布局和层次的目标。这种设计方式不仅提升了资料架的使用便捷性，还增强了空间适应性，能够及时响应电网企业宣传内容的变化需求。同时，模块化设计能有效减少资源浪费，使营业厅能够以较低成本实现高效的宣传展示效果，进一步彰显企业的服务专业性。

在资料架的材质选择方面，轻便且耐用的环保材料是首选。这不仅是对资料架结构稳固性的基本要求，更体现了电网企业绿色环保理念的具体实践。环保材料的使用能够降低营业厅运营过程中的环境负担，同时向顾客传递了企业的社会责任感。这种设计理念与当前社会对可持续发展理念的关注相契合，有助于提升企业形象和品牌价值。资料架的材质设计还需满足长期使用的耐久性需求，以确保宣传展示区的运营稳定性。

为了适应多种尺寸的宣传资料摆放需求，资料架需要设计不同规格的分

区。这种分区设计能够确保展示内容整齐有序，避免因尺寸不一导致的杂乱现象。通过合理分区，电网营业厅可以更高效地组织宣传资料，使顾客在浏览过程中能够迅速获取所需信息。这种空间优化设计不仅提升了宣传资料的展示效果，还增强了顾客的使用体验，为营业厅创造了一个更加专业和高效的服务环境。

（二）资料分类与摆放

电网营业厅宣传展示区的设计不仅需要满足客户查阅信息的需求，还需体现业务的专业性和空间布局的高效性。宣传资料架的分类与摆放是整个展示区设计的关键环节。根据客户需求和业务特点，可将宣传资料分为业务指南、政策解读、安全用电知识、节能环保宣传和企业文化展示五大类别。这种分类方式能够帮助客户快速定位所需信息，避免因资料杂乱而导致的时间浪费，同时也提升了营业厅的服务质量和客户体验。此外，这种分类还能够突出电网企业的核心业务和社会责任，展现企业的专业形象与文化内涵。

为了进一步提升客户查找资料的便利性和直观性，可以采用颜色编码或图标标识的方式对不同类别的宣传资料进行区分。例如，业务指南可以使用蓝色编码，政策解读使用绿色编码，而安全用电知识则可以使用黄色编码。这种视觉上的差异化设计能够帮助客户在第一时间识别所需类别的资料，减少不必要的翻阅时间。同时，图标标识的运用也能为资料架的设计增添美观性，使其更具吸引力。这种设计理念不仅体现了对空间布局的优化，还反映了电网营业厅在细节设计上的人性化考量。

在资料架的显眼位置摆放高频使用或最新更新的宣传资料是提升使用效率的重要策略。例如，近期优惠活动或重要政策解读可以被优先摆放在客户视线范围内。这种摆放方式能够吸引客户的关注，使其在进入营业厅后快速获取到最重要的信息，提升宣传资料的使用效率。同时，这种动态更新的模式也能够体现电网企业的高效运营能力和对客户需求的敏锐洞察力，进一步增强客户对企业的信任感和满意度。

（三）阅读区设置

阅读区的设置是电网营业厅宣传展示区空间布局的重要组成部分，其设计不仅需要满足顾客的基本阅读需求，还需通过优化空间布局提升整体服务体验。阅读区的座椅和桌面设计应注重舒适性与功能性。座椅需配备适当的靠背和扶手，以支撑顾客长时间阅读时的身体姿态，减少疲劳感。同时，桌面应保持合理高度，便于顾客放置宣传资料或其他物品。这种设计既体现了对顾客身体健康的关怀，也提升了营业厅的服务质量，使其空间布局更加人性化。

照明设备的配备是阅读区设计中的关键环节。良好的光线条件能够直接影响顾客的阅读体验和视力。在阅读区内，可采用可调节亮度的台灯或区域性照明灯，以适应不同顾客的光线需求。通过科学的照明设计，不仅可以提升阅读效率，还能营造舒适的空间氛围。特别是在光线不足的情况下，合理的照明设备能够有效避免眼部疲劳，为顾客提供更为专业的阅读环境。这种细节设计体现了电网营业厅空间布局的精细化与专业化。

阅读区的环境设计需注重安静性，以减少外界噪声对顾客阅读过程的干扰。合理的声学设计和隔音材料是实现这一目标的有效手段。在空间布局中，可以通过隔音墙、吸音板等设计元素来优化阅读区的声学环境。这不仅能够提升顾客的专注力，还能营造一种沉浸式的阅读体验，使宣传资料的传播效果达到最大化。同时，这种安静的环境也有助于提升营业厅的整体服务形象，增强顾客的满意度。

为了方便顾客在阅读过程中存放随身物品，阅读区应设置小型储物空间，例如储物柜或挂钩。这些储物设施能够减少顾客携带物品的不便，使其在阅读过程中更加轻松自如。储物空间的设计需兼顾实用性与美观性，既能够满足功能需求，又能够与整体空间布局相融合。这种细致入微的设计，不仅体现了对顾客需求的重视，也彰显了电网营业厅空间布局优化的专业水准。

随着数字化时代的到来，阅读区可配备数字阅读设备，如电子书阅读器或平板电脑，以提供数字化的宣传资料和服务信息。这种设计能够满足不同客户的阅读偏好，尤其是年轻群体对数字化内容的需求。数字阅读设备的引入，不仅提升了宣传资料的传播效率，还增强了营业厅的科技感和现代化形象。这种创新型的布局设计，既符合电网营业厅的发展趋势，又体现了空间布局优化的前瞻性。

第二章　电网营业厅外部空间布局设计

第一节　电网营业厅入口空间布局设计

一、电网营业厅入口空间的位置选择

（一）人流量分析

电网营业厅入口空间的位置选择是影响用户体验和营业厅服务效率的关键因素之一。通过对人流量的分析，可以有效优化入口布局，提升整体运行效率。人流量分析主要包括对营业厅周边区域的动态监测，识别高频活动区域和潜在顾客的聚集点。通过数据采集技术，如视频监控和智能传感器，可以实时统计不同时间段的人流量分布，形成详细的空间流量图。这些数据不仅有助于预测潜在用户的行为模式，还能为入口位置的科学选址提供可靠依据。

在人流量高峰时段的识别与分析中，研究重点放在不同时间段的流量波动上。高峰时段通常与工作日早晚高峰、周末购物高峰等时间节点相关联。通过分析这些高峰时段的流量特征，可以发现用户集中到访的规律，从而为入口空间的设计提供参考。例如，在高峰时段，入口需要具备足够的通行能力和引导功能，以避免拥堵现象，确保用户的顺畅进入。此外，还可以根据高峰时段的特点调整营业厅的服务资源配置，提高运营效率。

不同季节和天气条件对人流量的影响也是入口空间布局设计的重要考量因素。季节性变化可能导致顾客流量的显著波动，例如，夏季高温天气顾客可能减少户外活动，而冬季可能增加室内场所的使用频率。天气条件如雨雪天气也会影响顾客的出行行为。通过综合分析这些因素，可以合理规划入口空间的遮蔽结构和防滑设施，确保用户在各种天气条件下的安全与便利。

（二）可达性评估

1. 入口空间与周边步行道的连接性

在评估连接性时，应关注步行道的宽度、材质以及通行的安全性和舒适性。

入口空间与步行道之间应避免出现障碍物或不必要的分隔，以确保顾客能够顺畅抵达营业厅。此外，还需考虑步行道的照明设施和绿化设计，这不仅能够提升步行体验，还能为营业厅周边环境增添美感。通过与城市步行网络的有机融合，入口空间能够更好地服务周边社区，并促进电网营业厅的整体运营效率。

2. 公共交通站点与电网营业厅之间的距离

在进行距离分析时，应结合区域内公共交通网络的分布情况，确保营业厅入口空间能够与主要公共交通站点保持合理的距离。通过设置清晰的指引标识和优化步行路径，可以进一步提升顾客从公共交通站点到达营业厅的便利性。此外，还需关注公共交通站点的服务频率及覆盖范围，以确保营业厅入口空间能够有效满足不同顾客群体的需求。

3. 无障碍通行设施的设置

为满足不同顾客群体的需求，入口空间应配备完善的无障碍设施，包括坡道、扶手以及标识系统等。这些设施不仅能够提升营业厅的服务包容性，还能显著提高顾客流动的效率。在进行无障碍设施设计时，应充分考虑顾客的行为特征和流动方向，以确保设施布局的合理性和实用性。此外，还需关注无障碍设施的维护和更新，避免因设施老化或设计缺陷对顾客流动造成不利影响。通过科学设置无障碍设施，电网营业厅入口空间能够更好地服务多样化的顾客群体。

（三）与周边环境的协调性

电网营业厅入口空间的设计必须充分考虑与周边环境的协调性，这是确保整体空间布局优化的重要环节。入口空间的设计需要与周边建筑风格保持和谐统一，形成视觉上的连续性和美感。这种统一性不仅能够提升空间的整体品质，还能使顾客在进入营业厅时感受到环境的舒适与自然，进一步增强其对营业厅的好感度。通过与周边建筑风格的融合，入口空间可以避免突兀感，展现出电网企业的专业形象和社会责任感。

在入口空间周围设置绿化带或休闲区域，是优化空间布局的重要策略之一。这不仅能够提升顾客的体验感和舒适度，还能对微气候产生积极影响。绿化带能够缓解城市热岛效应，改善营业厅周边的空气质量，同时为顾客提供一个放松和休憩的场所。这种设计不仅符合现代城市空间规划的生态要求，还能体现电网企业关注环境保护的社会责任，进一步提升企业形象。

入口空间的标识系统设计需要与周边环境相结合，以确保顾客能够轻松识别方向和功能区域。标识系统的设计应简洁明了，色彩和材质需与周边环境协调一致，以避免视觉冲突。通过合理的导向设计，顾客能够快速找到入口、停车区等关键区域，从而提升营业厅的服务效率。此外，标识系统的优化还能够减轻顾客的心理压力，增强其对营业厅空间布局的满意度。

考虑周边社区的文化特色，将地方元素融入入口空间设计，是提升顾客归属感和认同感的有效方式。通过在入口空间融入地方传统文化符号或特色装饰，可以拉近电网企业与社区居民之间的距离，营造出亲切的氛围。这种设计不仅能够彰显企业对地方文化的尊重，还能提升顾客的情感体验，从而进一步强化营业厅的服务功能和社会影响力。

二、电网营业厅入口空间的尺度与形式设计

（一）尺度规划

入口区域的高度设计在电网营业厅的布局中至关重要，其规划需要充分考虑顾客的视觉舒适度。适宜的高度能够营造开阔的空间感，避免因高度不足而产生压迫感。同时，合理的高度设计还需兼顾通风与采光的需求，以确保空间的空气流通和自然光线的充分利用。通过科学的高度规划，不仅能够优化顾客的体验，还能提升入口区域的整体环境质量，为营业厅的外部空间布局奠定良好基础。

入口区域的宽度规划应以预期的人流量为依据，确保顾客的顺畅进出。宽度不足可能导致高峰时段的拥堵现象，而过宽的设计则可能造成空间资源的浪费。因此，在规划过程中，应结合营业厅的实际业务需求和顾客流量预测，制定合理的宽度标准。在设计中还需考虑特殊人群的需求，例如，为行动不便者提供无障碍通道，以体现空间设计的人性化与包容性。

入口区域的深度设计需要综合考虑顾客的使用需求和空间的功能性。为了提升服务质量，可以在入口区域设置休息区或等候区，为顾客提供舒适的停留空间，尤其是在业务办理高峰期时。这种设计不仅能够缓解顾客的疲劳感，还能优化营业厅的服务流程。合理的深度规划能够有效利用入口空间，提升顾客体验，同时增强营业厅的服务效率和品牌形象。

入口空间的布局设计应基于功能需求进行合理分区。通过设置咨询台、服务窗口等功能区域，能够帮助顾客快速找到所需服务的所在位置，减少因空间不明确而产生的时间浪费。功能区域的分布还需考虑人流的动线设计，以确保顾客在进入营业厅后能够快速适应空间布局。科学的分区设计不仅能优化顾客体验，还能提升营业厅的服务效率，形成良好的空间秩序。

（二）形式选择

入口空间的形状设计直接影响人流的流动性和空间的使用效率。在电网营业厅入口的形式选择过程中，需要充分考虑人流的自然动线，确保空间布局的流畅性和通行的便利性。入口形状的设计应避免产生死角或形成阻碍通行的布局，这不仅有助于提升顾客的使用体验，也能有效减少人流高峰期的拥堵现象。此外，合理的形状设计还能优化空间的利用率，为顾客提供更加宽敞、舒适的进出环境。通过科学的动线规划，入口空间可以实现功能性与美观性的高度统一。

入口的立面设计是入口空间形式选择中的重要环节之一。采用透明材料是提升空间开放感的关键策略。这种设计不仅能够增强视觉上的连通性，还能让顾客在进入营业厅前感受到一种安全感和舒适感。透明立面能够让室内外空间相互渗透，营造出整体空间的延展性。同时，透明材料还具有现代感，能够契合电网营业厅作为公共服务场所的形象需求。通过立面设计的优化，入口空间可以更好地传递企业开放、亲和的服务理念。

装饰元素的设计是入口空间形式选择中不可忽视的一部分。在装饰设计中，将现代设计理念与地方文化特色相结合，能够创造独特的视觉吸引力。现代设计元素能够体现电网企业的科技感和创新力，而融入地方文化的装饰则能增强顾客的情感认同。例如，可以在入口空间中加入具有地方特色的图案、材质或色彩，这种设计不仅能够提升空间的美感，还能为顾客带来更深刻的到访体验。通过装饰元素的合理运用，入口空间能够在功能性之外，进一步传递文化价值。

入口空间的色彩搭配需要充分考虑心理学因素，以营造温馨和欢迎的氛围。研究表明，色彩对人的情绪和行为有显著影响。在电网营业厅入口空间中，选择柔和、温暖的色调能够增强亲和力，同时缓解顾客在办理业务时的紧张情绪。例如，米色、浅黄色或浅蓝色等色调可以营造出舒适的视觉效果，从而提升顾客的整体体验。通过对色彩设计的优化，入口空间能够在无形中向顾客传递一种友好和专业的服务态度。

（三）视觉通透性

入口空间的视觉通透性是电网营业厅设计中至关重要的一环，其直接影响顾客的第一印象和空间体验。入口空间的设计应充分利用透明材料，如玻璃等，以增强自然采光的效果，提升空间的明亮感和开放性。这种设计策略不仅能够减少对人工照明的依赖，节约能源，还能通过对自然光线的引入，营造出更加舒适和亲和的环境氛围。同时，透明材料的使用使得外部环境与内部空间之间形成视觉上的连续性，增强了营业厅的开放性和可接近性，从而吸引更多顾客进入营业厅。

在入口区域的布局上，应尽量避免使用过多的隔断，以保持视线的连贯性。这种设计能够确保顾客在进入营业厅时，能够一目了然地看到服务窗口、咨询台等核心功能区域的位置，减少因空间分隔而产生的迷茫感和不便感。通过优化视线的流动性，顾客能够更快速地找到所需的服务区域，有利于提升服务效率和顾客满意度。此外，这种布局方式还能够减少拥挤，使整个空间显得更加通畅和有序。

在入口空间中设置大型开放式展示区是一种有效的策略，可以用于展示与电网相关的服务信息和宣传材料。这些展示区不仅能够吸引顾客的注意力，还能为顾客提供丰富的信息获取渠道。例如，通过动态屏幕、展板等形式，展示电网企业的服务内容、技术创新和社会责任，能够有效提升企业的品牌形象和顾客的认知度。同时，开放式展示区的设计还能够在视觉上延续空间的通透性，进一步增强入口区域的吸引力和功能性。

入口的立面设计应注重导向标识的可视化，确保顾客在进入营业厅时能够快速识别重要的功能区和服务内容。通过清晰的标识设计，如醒目的文字、图标或色彩指引，可以有效减少顾客的迷茫感，提高空间的导向性。例如，在入口处设置明确的服务区域指引标识或动态信息屏幕，可以帮助顾客快速找到咨询台、缴费窗口等核心功能区域。这种设计不仅能够提升顾客的使用体验，还能够优化营业厅的服务流程。

入口空间的家具和设施应采用开放式布局，以避免阻碍视线，确保不影响顾客在空间内的流动性和互动性。开放式布局能够增强企业与顾客之间的交流和互动，同时减少因家具布置不当而造成的空间拥挤感。例如，入口区域可以采用简洁的座椅设计和模块化的展示架，使空间显得更加灵活和开放。通过优化家具和设施的布置，能够进一步提升顾客的整体体验，使营业厅的空间设计更加人性化和高效。

三、电网营业厅入口空间的缓冲空间设计

（一）人流缓冲区

人流缓冲区是电网营业厅入口空间设计中不可忽视的关键组成部分，其主要功能是为高峰时段的顾客流量提供临时容纳空间，从而有效缓解入口区域的拥堵现象。高峰时段通常是由于顾客集中到访而形成的，这一现象在电网营业厅办理业务的场景中较为常见，例如月初或月末的账单支付高峰、节假日前的业务咨询高峰等。科学合理地设置人流缓冲区，可以减少顾客因排队等候而引发的不满情绪，同时提升营业厅的服务效率和形象。缓冲区的面积应根据营业厅的日常流量以及高峰时段的流量数据进行动态规划，以确保能够有效应对人流量的波动变化。

在人流缓冲区的设计中，配备舒适的座椅和休息设施是提升顾客体验的重要手段。这一设计不仅为等待的顾客提供了一个放松的环境，同时也能够缓解顾客因长时间站立而产生的身心疲惫。座椅的选择应以人体工程学为基础，确保顾客使用时的舒适性。此外，缓冲区内可以适当加入一些辅助设施，如饮水机、手机充电站等，为顾客提供便利服务。这些设施的设置不仅体现了对顾客需求的关注，也能够进一步提升营业厅的服务质量，使顾客在等待过程中感受到人性化的关怀。

人流缓冲区的布局设计需充分考虑人流动线的合理性，以确保顾客在进入和离开营业厅时能够流畅移动，减少交叉干扰的发生。动线设计的核心在于优化顾客的行进路径，避免因路径交叉或过于狭窄而导致的拥堵问题。例如，入口与出口的流动路线应尽可能分离，避免顾客在流向上的冲突。同时，缓冲区的位置应与入口的主通道相连，确保顾客能够快速进入营业厅内部办理业务。对于大型营业厅，还可以通过设置分区流动路线的方式，将不同业务类型的顾客引导至相应的区域，从而进一步提升空间利用效率。

（二）视觉过渡区

视觉过渡区在电网营业厅入口空间布局设计中具有重要作用。它不仅是连接外部环境与内部空间的纽带，更是顾客体验的第一道感官关卡。通过合理的设计，视觉过渡区能够有效缓解顾客从外部环境进入营业厅内部时的心理落差，

增强空间的整体感知效果。在设计视觉过渡区时，应注重色彩和材质的渐变运用，以实现从外部环境到内部空间的平滑过渡。例如，入口地面的材质可以从粗糙的防滑砖逐步过渡到光滑的抛光石材，墙面色彩可以从较为明亮的外部色调逐渐转变为柔和的内部色调。这种渐变设计不仅能提升空间的视觉连续性，还能在无形中调节顾客的心理节奏，使其更自然地适应环境的变化。

在视觉过渡区内，装饰元素的巧妙运用能够进一步提升顾客的心理舒适度。艺术品、绿植等装饰物的加入，不仅可以美化空间，还能营造一种温馨、自然的氛围。例如，在视觉过渡区的墙面上悬挂具有地域特色的艺术画作，或在角落处摆放生机盎然的绿植，都能够让顾客感受到营业厅的设计用心。这些装饰元素还可以作为顾客视觉停留的焦点，缓解因环境变化带来的不适感。同时，装饰元素的选择应与电网营业厅的品牌形象和服务理念相契合，以增强顾客的情感体验。

视觉过渡区的空间布局设计应特别注重对顾客视线的引导。通过灯光和景观设计的合理搭配，可以有效吸引顾客的注意力，并指引其自然流入营业厅内部。例如，在入口区域设置线性灯光引导路径，或利用地面拼接图案形成视觉引导线，都可以帮助顾客快速找到进入营业厅的方向。此外，景观设计也可以在视线引导中发挥重要作用，例如通过设置小型景观墙或水景装置，在视觉上形成焦点，同时明确流动路线流向。这种设计不仅提升了顾客的空间体验，还能有效减少因空间布局不清晰而导致的迷茫感。

四、电网营业厅入口空间的遮阳避雨设施设计

（一）遮阳避雨设施的类型选择

电网营业厅入口空间的遮阳避雨设施设计在空间布局优化中具有重要意义，直接关系到顾客的舒适度和营业厅的功能性。可伸缩式遮阳篷是一种灵活性极高的设施类型，可以根据天气条件的变化进行调整。在晴天时，遮阳篷可以展开以阻挡强烈的阳光，为顾客提供凉爽的环境；在阴雨天气下，遮阳篷同样可以展开，提供避雨功能。这种设计不仅增强了空间的适应性，也为营业厅入口区域的功能性提供了多样化的选择。此外，可伸缩式遮阳篷的使用还能够节约空间，避免固定设施对入口区域的过度占用，从而提升整体布局的协调性。

采用固定式遮阳板是一种稳定性强的设计方案，它能够长期有效地提供遮

阳功能，减少阳光直射对顾客的影响。固定式遮阳板通常由耐候性强的材料制成，确保在不同季节和气候条件下都能保持良好的性能。其设计不仅能够减轻入口区域在夏季高温条件下的热负荷，还能为顾客提供一个舒适的缓冲空间，使其在进入营业厅之前有一个良好的过渡体验。这样的设施设计可以有效提升电网营业厅的服务质量，同时增强入口空间的功能性与美观性。

具有排水功能的雨棚是电网营业厅入口空间不可或缺的设计要素之一。雨棚的排水功能能够有效防止雨水在入口区域积聚，从而确保地面干燥，减少因湿滑地面导致的安全隐患。这种设计不仅提升了入口空间的安全性，也改善了顾客的使用体验。在设计过程中，应考虑雨棚的排水坡度以及排水管道的布局，以确保雨水能够快速排出，避免积水问题。此外，雨棚的材料选择也需要兼顾耐久性和美观性，以实现功能与视觉效果的统一。

植物遮阳设施的引入为电网营业厅入口空间增添了一种自然生态的设计理念。例如，通过种植攀爬植物或设置绿篱，可以提供自然的遮阳效果，同时美化环境。这种设计不仅能够减少对人工遮阳设施的依赖，还能改善入口区域的空气质量，提升整体空间的生态感。在具体实施中，可以选择适合当地气候条件的植物种类，以确保其生长良好并发挥遮阳功能。植物遮阳设施的设计体现了绿色建筑理念，为电网营业厅空间布局的优化提供了更具可持续性的解决方案。

（二）设施的尺寸与材质确定

遮阳避雨设施的尺寸设计需充分考虑电网营业厅入口空间的具体宽度和高度，以确保设施能够有效覆盖主要人流区域，提供可靠的遮阳与避雨功能。合理的尺寸不仅能够提升设施的实用性，还能优化入口空间的使用效率。过小的设施可能无法满足人流密集区域的需求，而过大的设施则可能占用过多的空间，影响整体布局的协调性。因此，科学测量入口区域的实际尺寸，并结合人流高峰时段的覆盖需求，是设计的关键环节。

在材质选择方面，应优先选用耐候性强的材料，如铝合金或高强度塑料。这些材料不仅具有较强的抗风能力，还能抵御长期暴露在阳光、雨水等自然环境中的侵蚀，能显著延长设施的使用寿命。相比其他材料，这些高性能材质还具有较轻的重量，便于施工和维护。此外，耐候性材料的选择也能有效降低后期的维护成本，提高设施的经济性和耐用性。

遮阳避雨设施的外观设计应注重与电网营业厅整体风格的协调性。材质和颜色的选用需与营业厅建筑的外立面设计相匹配，以提升整体环境的美观度和和谐感。例如，若营业厅采用现代简约风格，则可以选择金属质感较强的铝合金材质，并配以简洁的中性色调；若营业厅采用传统风格，则可选用木纹质感的材料或更具自然气息的色彩搭配。通过与周边环境的有机融合，遮阳避雨设施不仅能发挥功能性作用，还能成为入口空间的视觉亮点。

在结构设计上，遮阳避雨设施须具备一定的灵活性和可调性，以适应不同的气候条件。例如，可设计为可伸缩或可调节角度的结构，以便在阴天或非雨季时缩小占用面积，而在强光或暴雨天气时则提供更大范围的保护。此外，设施的抗风能力也需要重点考量，尤其是在极端天气条件下，确保其能够经受大风的考验，保障人群的安全性和心理舒适性。通过灵活的设计方案，遮阳避雨设施能够在功能性和适应性之间找到平衡点，进一步提升其综合效用。

（三）设施的安装位置与角度设计

电网营业厅入口空间的遮阳避雨设施设计在空间优化中具有重要意义，其安装位置与角度的合理性直接影响到设施的功能效果与用户体验。遮阳避雨设施应安装在入口空间的上方，以确保覆盖主要人流通道。通过这样的设计，可以减少顾客在进出营业厅时受到天气条件的影响，尤其是在高温或暴雨天气下，为顾客创造一个舒适的过渡空间。该设计不仅体现了对顾客需求的关注，也符合现代服务场所的人性化设计理念。

遮阳避雨设施的安装角度需要根据阳光的入射角进行精确调整，以最大限度地提高遮阳效果。这一设计要求考虑到不同季节和时间段阳光角度的变化，以确保设施在全年范围内均能有效阻挡阳光，从而避免入口区域因阳光直射导致的温度升高或视觉不适。同时，这种动态调整的设计能够兼顾建筑美学与功能需求，体现了技术与艺术的融合，为营业厅入口空间的整体优化提供了科学依据。

在雨季时，遮阳避雨设施的设计还需充分考虑雨水的流动方向，以确保雨水能够顺畅排出，避免积水问题的产生。这不仅是为了减少因积水而可能造成的安全隐患，还能防止雨水对入口区域地面或设施造成的侵蚀与损坏。通过合理的排水设计，可以有效延长设施的使用寿命，同时提高入口空间的安全性与实用性，满足电网营业厅对高效运营的需求。

此外，设施的安装位置还需与入口空间的其他功能区域相协调，以避免遮挡标识和导向信息。营业厅入口区域通常设置有服务窗口、咨询台等功能性的场所，遮阳避雨设施的设计应确保顾客在进入时能够清晰识别这些区域的具体位置。这种协调性设计不仅提升了空间的可识别性，还优化了顾客的流动路线体验，为营业厅的服务质量提供了进一步的保障。这种综合性设计理念体现了空间布局优化的系统性思维。

第二节　电网营业厅停车空间布局设计

一、电网营业厅停车空间的停车方式设计

（一）地面停车设计

地面停车设计是电网营业厅外部空间布局的重要组成部分，其核心目标是实现资源的高效利用与顾客停车体验的优化。合理规划停车位的数量和尺寸是设计的基础环节，既要满足营业厅高峰时段的停车需求，又要避免因过度设计导致的空间浪费。通过科学的测算和需求分析，可以精确确定停车位的设置数量，并依据车辆类型和尺寸进行标准化划分，确保停车区域的高效使用。同时，合理的停车位设计还能够提升整体空间的美观性与功能性，为顾客提供更舒适的停车环境。

在地面停车场的设计中，停车引导标识和车位编号的设置是提升停车效率的关键措施。明确的引导标识能够有效减少顾客因寻找车位而浪费时间，从而提升停车流转率。车位编号则为顾客提供了清晰的定位参考，便于快速找到空闲车位或记住停车位置。通过采用智能化的停车引导系统，如动态显示屏、车位感应灯等技术手段，还可以进一步优化停车引导功能，提升整体服务水平。这种智能化设计不仅可以减少顾客的不便，还能够提高营业厅的现代化形象。

行人安全是地面停车设计中不可忽视的核心问题。停车场作为车辆与行人交互频繁的区域，其设计需要充分考虑两者的分离与安全保障措施。通过设置人行横道、护栏以及减速带等设施，可以有效减少行人与车辆之间的交叉干扰，降低安全隐患。同时，合理规划行人通道的位置和宽度，确保顾客在停车后能够安全、便捷地步行至营业厅入口。这种以人为本的设计理念，不仅能够提升顾客的安全感，还能增强营业厅的服务品质。

随着绿色出行理念的推广，地面停车场的设计需积极响应可持续发展的要求，配置充电桩设施以满足电动车顾客的需求。充电桩的合理分布和数量设计

是关键，需综合考虑顾客的使用习惯和电动车的普及率，确保设施的高效利用。同时，充电桩区域的标识应清晰可见，并预留充足的操作空间，以便顾客方便使用。这种绿色设施的配置，不仅可以提升营业厅的服务多样性，还能彰显其对环保和社会责任的重视。

（二）地下停车场设计

地下停车场设计是电网营业厅外部空间布局的重要组成部分，其规划需满足功能性与安全性的双重要求。地下停车场的空间布局应充分考虑车辆的行驶路径和转弯半径，以确保车辆能够顺畅地进出和停放。这不仅能够减少停车场内的交通拥堵现象，还可以提升顾客的停车体验。科学设计行车路径需要结合实际场地条件，采用仿真模型进行优化，确保车辆在不同情况下均能高效通行。此外，转弯半径的设计需考虑不同类型车辆的需求，既要满足小型车辆的灵活性，也要兼顾大型车辆的转弯空间，形成合理的空间分配方案。

地下停车场的通风系统设计是另一个关键环节，其目的是确保空气流通良好，减少车辆尾气的积聚，营造一个健康的停车环境。通过合理设置通风设备和采用先进的空气质量监测系统，可以实时掌握停车场内的空气状态，及时采取必要的通风措施。特别是在高峰时段，车辆密集导致尾气排放量增加，通风系统的高效运行尤为重要。同时，通风设备的选型应注重节能环保，既满足功能需求，又降低运营成本，为电网营业厅的绿色发展目标提供支持。

此外，照明系统的设计直接关系到地下停车场的安全性与使用便捷性。采用节能且高亮度的灯具不仅能够降低能耗，还能提供良好的照明效果。合理布置光源是关键，需确保停车场内的各个区域均有足够光线的照明，尤其是车辆通道、停车位和行人通道等重点区域。照明设计还需考虑突发情况下的应急照明，以应对停电或设备故障等情况，保障顾客的安全。此外，灯具的选用应注重耐用性与维护便利性，减少后期运营中的维护成本。

地下停车场的排水系统设计需充分考虑雨水和其他液体的排放路径，以避免因积水问题导致的安全隐患。选用防滑地面材料是增强停车场使用安全性的有效措施，能够减少车辆打滑和行人摔倒的风险。排水系统的设计需结合场地的地势特点，采用先进的排水技术，如渗透性地面或分层排水系统，以提高排水效率。同时，定期维护排水设施以确保其长期稳定运行，也是停车场管理的重要内容。通过综合考虑排水与地面材料的设计，能够进一步提升停车场的服务质量与安全性。

二、电网营业厅停车空间的停车位数量与类型确定

（一）普通车位配置

普通车位配置是电网营业厅停车空间设计的核心内容之一，其数量的确定需要依据科学的测算方法，以满足日常运营需求。普通车位的数量应根据电网营业厅的日均顾客流量和高峰时段的停车需求进行精确测算。这种测算不仅需要考虑营业厅所在区域的顾客群体特征，还需结合历史数据和预测模型，确保停车资源的合理配置。通过对不同时间段停车需求的动态分析，可以有效避免因车位不足导致的顾客流失情况，同时也能防止因车位过剩而造成的资源浪费，提升停车空间的使用效率。

普通车位的布局设计直接影响车辆的进出便利性，因此需要合理规划停车区域的入口与出口。科学的车流流动路线设计能够有效避免车辆进出时的拥堵现象，为顾客提供顺畅的停车体验。入口与出口的位置应结合营业厅的地理条件和周边道路交通状况进行选取，尽量减少与主干道的交通冲突。此外，停车区域内部的车位排列应遵循便捷性原则，优化车流流动路线，减少车辆在停车场内的掉头或长时间寻找车位的情况，从而提升整体停车效率。

普通车位的设计还需严格遵循国家相关标准，确保车位尺寸能够适应不同车型的停放需求。电网营业厅的顾客群体可能驾驶多种类型的车辆，从小型轿车到中型 SUV，甚至包括部分商务车辆。因此，车位尺寸的设计应具有一定的灵活性，以适应多样化的停车需求。标准化的车位设计不仅能提升停车的安全性，还能增强顾客对电网营业厅服务的满意度，为营业厅的整体形象加分。

为了帮助顾客快速找到车位并记住停车位置，普通车位周围应设置明显的标识和指引系统。标识系统可以包括车位编号、区域分区和方向指引等内容，确保信息的简洁明了。指引系统则可以通过电子屏幕或地面标线，为顾客提供实时的车位信息和导航服务。这样的设计不仅能有效减少顾客寻找车位的时间，还能提升停车场的整体运营效率，体现电网营业厅对顾客体验的关注和重视。

（二）无障碍车位配置

无障碍车位配置是电网营业厅停车空间布局设计中的重要环节，其合理性直接关系到行动不便人士的服务体验。无障碍车位应优先设置在距离电网营业

厅入口最近的位置，以确保特殊需求顾客能够以最短的路径到达服务区域。这种布局不仅可以有效减少行动不便人士的体力消耗，还能提升其到访营业厅的便利性，体现服务的公平性与人性化原则。此外，这一设计也符合现代服务行业对社会责任的要求，是电网企业塑造良好公众形象的重要举措。

无障碍车位的设计需严格遵循国家无障碍设计标准，包括车位的宽度、坡道的坡度以及周边通行空间的合理规划等关键要素。车位宽度需要充分考虑轮椅使用者的活动需求，确保其在上下车过程中拥有足够的操作空间。同时，坡道的坡度设计应避免过陡，以降低行动不便人士的使用难度。周边通行空间的规划需保证无障碍通道的连续性和畅通性，为特殊需求顾客提供一个安全、便捷的停车和通行环境。这些设计细节不仅体现了对特殊群体的关怀，也为电网营业厅的整体服务质量提供了强有力的支撑。

在无障碍车位周围设置醒目的标识和地面标线，是提升其识别度的重要手段。标识和地面标线应采用高对比度的颜色和清晰的图案设计，以确保在不同光线条件下均能被快速识别。这种设计不仅有助于特殊需求顾客快速找到无障碍车位，还能提醒其他顾客注意车位的专属用途，避免因误占用而影响无障碍车位的实际功能。同时，这些标识和地面标线也是电网营业厅无障碍服务体系的重要组成部分，能够在视觉层面上强化服务意识，提升营业厅的整体形象。

在无障碍车位附近设置专用的无障碍通行通道和扶手设施，是确保行动不便人士顺畅、安全到达营业厅功能区域的关键措施。无障碍通道的设计应注重路径的连续性和便捷性，避免出现陡坡、台阶等障碍物，而扶手设施则须具备坚固性和适宜的高度，以提供稳定的支撑。这些设施的配置不仅能显著提升特殊需求顾客的通行体验，还能进一步强化电网营业厅的无障碍服务体系，为打造更加包容、便利的公共服务环境奠定基础。

（三）临时车位配置

临时车位的设置在电网营业厅停车空间布局中具有重要意义，其规划直接影响顾客办理业务的便捷性和整体服务效率。临时车位的选址应优先考虑靠近电网营业厅入口的区域，以便为短时间内完成停车和办理业务的顾客提供便利。通过缩短顾客从停车到进入营业厅的步行距离，可以有效减少顾客等待时间，提升服务体验。合理的临时车位配置不仅能够缓解高峰时段的停车压力，还能提高营业厅的业务承载能力，增强顾客对服务的满意度。

为确保临时车位的功能性和专属性，其规划应设计为独立的专用区域，并配备醒目的地面标识和引导标牌。这些标识和标牌的设计应以直观、清晰为原则，使车辆能够快速识别并停放，避免与长期停车车辆混淆。通过明确的分区与标识，能够有效减少因停车混乱而引发的矛盾和不便。同时，专用区域的设置还可以为营业厅管理人员提供便利，便于对车位使用情况进行实时监控和管理，进一步提升停车空间的利用效率。

临时车位的规划需结合高峰时段的停车需求进行动态调整，这一过程可以通过智能化管理系统来实现。智能化管理系统能够实时监控车位的使用情况，动态分析停车需求变化，从而优化资源分配。例如，在业务高峰期，系统可以优先将更多车位划归为临时车位，以满足短时停车需求；而在非高峰期，则可适当减少临时车位的数量以释放空间。通过这一动态调整机制，不仅提升了停车空间的灵活性，还能够在有限的空间资源下实现最大化的效能。

为了保证临时车位的高效周转，在其周围应设置明确的时间限制标识。这些标识可以提醒顾客遵守停车时间规定，避免因长期占用而导致其他顾客无法使用车位。时间限制标识的设置还可以通过智能化手段进行辅助，例如通过电子屏幕实时显示停车时长，或通过车位感应设备记录车辆停放时间。这些措施能够有效减少长期占用现象的发生，确保临时车位始终处于高效运转状态，从而更好地服务于短时停车的顾客。

三、电网营业厅停车空间的标识与导向系统设计

（一）入口标识设计

入口标识设计在电网营业厅停车空间布局中扮演着至关重要的角色，它不仅是顾客进入停车场的第一视觉接触点，也是电网营业厅品牌形象展示的重要载体。入口标识应突出电网营业厅的品牌形象，设计具有代表性的标志性元素，如企业 Logo 或特色图案。这些元素能够强化顾客对企业的识别度和记忆度，同时传递营业厅的文化内涵与服务理念。在设计过程中，还需考虑标识的整体风格与营业厅建筑的协调性，以实现视觉上的统一性与审美效果的提升。

在入口标识设计中，灯光设计是不可忽视的重要环节。尤其是在夜间或低光条件下，标识的可见性直接影响顾客的识别效率。通过背光或投射光源的应用，可以显著提升标识的视觉效果，使其在不同光线条件下均保持清晰醒目。这种设计不仅增强了标识的功能性，还为停车场入口增添了现代化的科技感。

在具体实施中，应根据停车场周围环境的光线特点，选择合适的灯光类型与强度，以确保标识的亮度适中且不刺眼。

入口标识的位置与高度设计也需要充分考虑顾客的视线习惯与行为特征。标识应设置在顾客视线的最佳高度和位置，以确保进入停车场的车辆和行人均能快速注意到标识内容。合理的标识布局能够有效提升导向效率，减少顾客因寻找入口而产生的困惑与不便。此外，标识的位置应避免被建筑物或其他物体遮挡，要确保其在停车场入口处的显著性。

信息层次的清晰展示是入口标识设计中另一个重要的优化方向。标识应分级展示停车场入口、车位类型及停车规则等关键信息，以减轻顾客的认知负担。通过合理的信息排布与字体设计，可以确保顾客在短时间内获取所需信息，提升停车场的使用效率。尤其是在高峰时段，清晰的信息层次能够减少车流与人流的拥堵，优化整体的交通流线。

（二）导向标识设计

导向标识设计在电网营业厅停车空间布局中起着至关重要的作用，其核心目标是优化车辆流动路线，减少停车过程中的混乱和延误。合理的导向标识设计不仅能够提升停车场的运转效率，还能改善顾客的使用体验。导向标识应结合停车场内部的流动路线设计，科学规划分区标识，通过明确的指引帮助车辆进入适当的停车区域。具体而言，应对普通车位、无障碍车位及临时车位进行清晰的区域划分，避免因标识模糊导致车辆误入其他区域。这种分区标识的合理设置能够有效降低停车场内的交通冲突，为顾客提供更为顺畅的停车体验。

导向标识的内容设计需注重简洁性和直观性，以便快速传递信息，减少顾客在停车场内的决策时间。通过使用易于理解的图形符号和箭头标记，可以使驾驶员在短时间内准确获取所需信息，减少因信息不明确而产生的犹豫或错误决策。例如，箭头标记可以清晰地指示车辆前进方向，而图形符号则能够直观地表示不同类型车位的功能属性。与此同时，标识的字体、颜色及大小也需符合人机工学设计原则，确保驾驶员能够在车辆行驶过程中轻松读取相关信息。这种设计方式不仅提升了信息传递的效率，还进一步优化了停车场的整体运行逻辑。

导向标识的安装位置是设计中的重要环节，应充分考虑车辆的行驶视角以及驾驶员的观察需求。为了确保信息传递的及时性，标识应在停车场内的关键节点进行设置，例如转弯处、交叉路口及停车区域入口等位置。这些节点通常是驾驶员需要作出决策的地方，因此显著的导向标识可以有效减少驾驶员的迷惑感。此外，标识的高度、角度和朝向也需根据车辆行驶的特点进行优化设计，以便驾驶员能够在行驶过程中快速捕捉到关键信息。这种细致入微的设计能够显著提升停车场的使用效率和顾客满意度。

现代技术的引入为导向标识设计提供了新的可能性，动态显示技术便是其中的代表。通过电子屏幕或LED灯带等设备，导向标识可以实时更新停车场内的车位使用情况，为顾客提供精确的停车引导服务。例如，电子屏幕可以显示剩余车位数量及其具体位置，而LED灯带则能够通过颜色变化指引车辆进入空置车位。这种动态显示技术不仅提高了停车场的信息透明度，还显著减少了顾客寻找车位的时间，从而提升了停车场的整体管理效率。

（三）车位标识设计

车位标识设计是电网营业厅停车空间布局优化中的重要环节，其合理性直接影响顾客的停车体验与整体服务效率。车位标识应采用高对比度的色彩组合，如黑白或黄黑，这种设计能够在多种光照条件下保持较高的可见性，确保顾客在白天或夜间都能快速识别车位信息。高对比度的色彩选择不仅有助于提升识别效率，还能有效减少顾客在寻找车位时的视觉疲劳，从而优化停车流程的流畅性。这种设计理念在国内外许多成功案例中都得到了广泛应用，充分证明了其在提高停车管理效率方面的重要作用。

为了进一步提升车位标识的功能性，标识设计需结合地面标线与立体标牌的双重形式，通过多维度的信息传递确保车辆停放的准确性和规范性。地面标线可以为驾驶员提供直观的停车引导，而立体标牌则能够在远距离范围内提供清晰的方向指示。两者的结合不仅能够有效减少顾客寻找车位的时间，还能避免因停车位置不当引发的交通拥堵或安全隐患。通过这种多层次的信息传递方式，电网营业厅能够更好地满足不同顾客的需求，提升其整体服务质量。

在现代技术的支持下，车位标识设计可以融入动态显示技术，如LED灯带或电子屏幕。这些技术能够实时更新车位状态信息，帮助顾客快速找到空闲车位，从而显著提升停车效率。动态显示技术的应用不仅能够提高停车场的智能化水平，还能为顾客提供更便捷的服务体验。例如，LED显示屏可以通过颜色或数字的变化直观地指示空闲车位的位置，而电子屏幕则能够整合更多信息，如停车场的整体布局或车位的实时使用情况，进一步优化顾客的停车决策。

针对车位标识的使用环境，其设计还需满足防水、防尘和耐磨的要求，以确保其在户外或地下环境中的长期使用。这种结构设计能够显著降低标识的维护成本，同时保证其在恶劣条件下的功能性和可靠性。例如，在地下停车场，标识可能会受到潮湿环境的影响，而在户外停车场，则需要应对日晒雨淋等自然因素。因此，采用耐用材料和科学的结构设计是实现车位标识长期稳定运行的关键。

四、电网营业厅停车空间的充电桩布局与配套设施规划

（一）充电桩位置规划

充电桩位置规划是电网营业厅停车空间布局的重要组成部分，其科学性直接影响顾客的充电体验与营业厅的整体服务效率。在具体规划中，充电桩应优先设置在靠近电网营业厅入口的区域。这一布局能够大幅缩短电动车顾客从充电点到营业厅的步行距离，便于顾客在充电完成后快速进入营业厅办理业务，从而提升服务效率。此外，这种位置安排还能够优化客户的流动路线设计，减少顾客在停车场内的无效移动，降低因寻位和转向而导致的交通拥堵问题，为营业厅的整体运营提供保障。

在充电桩布局过程中，电力设施的承载能力是必须考虑的重要因素。充电桩的使用将显著增加周边电网的负载，因此规划时需对电网营业厅周边的电力系统进行科学评估，确保其能够稳定支持充电需求。若电力系统承载能力不足，可能引发电网过载甚至安全隐患问题。为此，规划者需结合区域电力负荷特点，合理配置变压器容量和供电线路，确保充电桩运行的安全性与稳定性，同时为未来电动车数量的增长预留扩展空间。

不同电动车顾客的充电需求具有显著的差异性，因此充电桩位置规划中应合理分布快充和慢充设备。快充设备适合时间紧迫的顾客，能够在短时间内完成充电，而慢充设备则适用于有较长驻留时间的顾客，如办理复杂业务或等待时间稍长的顾客。这种多样化的设备分布不仅能够满足不同顾客的需求，还能提升设施的使用灵活性，避免因设备单一导致的资源浪费或顾客不满。同时，科学的设备分布还能有效提高停车场的整体利用率，减少设备闲置现象。

充电桩的安装位置应避开主要人流流动路线，以确保行人通行的安全性和

便利性。若充电桩设置在主要人流通道上，可能因车辆停靠充电而对行人造成干扰，增加交通冲突。此外，车辆在充电区域的频繁进出也可能影响停车场的秩序。因此，规划时需充分考虑人车分离的原则，将充电桩设置在人流相对稀疏的区域，同时结合清晰的标识和合理的交通引导，确保充电区域的使用安全和高效。

为了提升顾客的充电体验，充电桩周边应设置完善的配套设施。例如，遮阳避雨设施能够为顾客提供全天候的充电环境，避免因天气因素影响充电过程。同时，夜间照明设备的设置不仅能够保障夜间使用的便利性，还能提升区域的安全性，降低因光线不足而引发的安全隐患。这些配套设施的规划既体现了对顾客需求的关注，也有助于提升电网营业厅的服务形象和顾客满意度。

（二）充电桩数量配置

充电桩数量的科学配置是电网营业厅停车空间布局设计中的关键环节，其核心在于平衡顾客需求与资源利用效率。根据电网营业厅日均电动车顾客流量和高峰时段的充电需求，需通过精确测算确定充电桩的数量。这不仅能确保满足顾客的充电需求，还可有效避免因设备过剩导致的资源浪费。例如，在高峰时段，充电桩的使用率往往达到峰值，因此需特别关注此时段的流量特点，以保证充电桩的配置能够满足实际需求。同时，低谷时段的使用情况也应纳入考量，以提升设备的整体利用率和经济效益。

充电桩数量配置的规划还需关注未来电动车普及率的增长趋势。随着电动车市场的快速发展，未来充电需求势必呈现上升态势，因此在初期规划中应预留扩展空间。这种弹性设计能够在需求增加时迅速扩充充电桩设备，避免因设施不足导致的服务瓶颈。此外，预留扩展空间还可以优化设施的灵活性和适应性，为电网营业厅提供长期发展的保障。这种前瞻性规划不仅体现了对市场趋势的敏锐洞察，也有助于提升营业厅的竞争力和服务水平。

在充电桩数量配置中，不同类型的充电需求也是重要的考量因素。例如，快充设备和慢充设备的比例需结合顾客的使用习惯和充电时长要求进行合理分配。快充设备适用于短时间内需要快速补充电量的顾客，而慢充设备则更适合长时间停留的顾客。因此，规划中需综合考虑这两类需求的占比，以实现资源的最优配置。合理的设备分配不仅能够提升顾客的满意度，还能有效缓解高峰时段的充电压力，优化停车空间的整体使用效率。

此外，充电桩数量的配置需与停车空间的整体容量相结合。充电车位与普通车位的比例应保持合理，以期既满足电动车顾客的需求，又不影响整体停车效率。过多的充电车位可能导致普通车位不足，而过少的充电车位则可能无法满足电动车顾客的充电需求。因此，在规划中需综合分析电网营业厅的停车需求结构，确保充电车位的设置既能服务于电动车顾客，又能维持停车空间的高效运转。

（三）配套设施设计

配套设施的设计对于电网营业厅停车空间的功能完善和用户体验的提升具有重要意义。充电桩周边需要设置便捷的支付设施，以满足不同用户的支付需求。支持多种支付方式的终端设备是现代充电桩区域不可或缺的一部分，例如支持刷卡、扫码支付、移动支付等多样化手段，这不仅能够提升结算效率，还能减少顾客在支付环节的等待时间，优化服务体验。快速、便捷的支付流程是提升用户满意度的关键，同时也能提高充电桩的周转率，缓解因支付效率低下导致的区域拥堵问题。

为了保障充电设备和顾客车辆的安全，充电区域需配备实时监控系统。这些监控设备可以对充电区域进行全天候的实时监控，及时发现潜在的安全隐患并采取应对措施。通过高质量的监控系统，能够有效防范充电设备的损坏和车辆的意外事故发生。同时，监控系统的存在也能为顾客提供一种安心感，使其在充电期间能够专注于其他事务，而不用过多担心车辆的安全问题。这种安全保障不仅提升了顾客的信任感，也为电网营业厅的管理提供了便利。

在高峰时段，充电桩的使用需求可能会大幅增加，这就要求在充电桩区域设计排队等候区。合理规划的排队等候区能够有效减少顾客因等待而引发的混乱现象。通过明确的分区设计和清晰的标识，顾客可以有序排队，避免因争抢充电桩造成的不必要矛盾。同时，排队等候区的设置也为电网营业厅的管理人员提供了一个缓冲空间，使其能够更高效地调度资源，满足顾客的需求。

为了提升用户体验，充电桩区域还应设置清晰的使用指引牌。这些指引牌需要详细说明充电桩的操作步骤和注意事项，并提供客服热线，便于顾客在遇到问题时能够迅速获得帮助。例如，指引牌可以通过图文结合的方式，直观展示充电设备的使用流程，同时标注常见问题的解决方法。客服热线的设置则能够为顾客提供即时的技术支持，进一步降低因操作不当或设备故障导致的不便。

第三节 电网营业厅外部空间景观设计

一、电网营业厅外部空间的植物景观配置

(一) 植物种类选择

1. 适应当地气候的特点

植物种类的选择需考虑适应当地气候的特点，以确保植物在不同季节中均能保持良好的生长状态和观赏价值。例如，在寒冷地区，可选择耐寒植物如松柏，而在温暖地区则可选择四季花开植物，如三角梅。通过科学的植物选择，不仅能够减少因气候变化导致的维护难度，还能保证景观的持续性和稳定性，为顾客提供恒定的视觉享受。

2. 优先选择本地原生植物

本地植物因其对当地生态环境的适应性强，能够有效降低维护成本，同时要增强生态多样性，促进区域生态系统的稳定性。例如，在南方地区可以选择原生的桂花树，而在北方地区则可以种植适应性强的银杏树。这样的选择不仅有助于减少外来物种的入侵风险，还能为当地的生物链提供支持，并进一步提升电网营业厅的绿色形象。

3. 引入具有较强空气净化能力的植物

在植物配置中，还应引入具有较强空气净化能力的植物，以提升电网营业厅周边的空气质量。例如，常春藤和芦荟等植物不仅易于种植和维护，且能够有效吸收空气中的有害物质，改善环境健康水平。这些植物的选择不仅符合环保理念，还能为顾客提供更健康的空间环境，增强其对营业厅的好感和信任。

4. 具有观赏性和季节变化特征

为了增强顾客的视觉体验，植物种类应具有观赏性和季节变化特征。例如，花卉如郁金香和灌木如红枫能够在不同季节呈现多样的色彩变化，为营业厅外

部空间带来动态的美感。这样的设计不仅能吸引顾客的注意力，还能提升营业厅的整体空间感受，使其更具吸引力和辨识度。

（二）植物配置原则

1. 生态平衡

通过选择多样性的植物种类，可以有效维持周边生态系统的稳定性和健康性。这种多样性不仅能够促进生物多样性，还能减少单一植物种类带来的病虫害风险，从而降低后期维护成本。此外，合理的植物配置可以为昆虫、鸟类等提供栖息地，进一步增强生态环境的可持续性。对于电网营业厅而言，这样的设计不仅能提升环境质量，还能展现企业重视生态保护，传递绿色发展的理念。

2. 季节性变化

电网营业厅外部空间的植物景观设计需要关注季节性特点，以实现四季景观的动态变化。选择不同花期的植物，可以确保在春、夏、秋、冬四个季节中，景观都有独特的视觉吸引力。例如，春季可以选择开花植物，如樱花或杜鹃花；夏季则可以种植耐高温的绿色植物，如香樟树或桂树；秋季则利用红叶植物，如枫树；冬季则可选择常绿植物，如松柏。这种设计不仅能满足视觉美感，还能吸引更多的客户和访客，提升电网营业厅的整体形象。

3. 功能性

在电网营业厅外部空间中，植物不仅是装饰性元素，还需承担一定的功能性作用。根据具体需求，可以选择具有遮阴、隔音或防风功能的植物种类。例如，种植高大的乔木，如银杏树或梧桐树，可以提供遮阴效果，改善夏季的舒适度；种植密集的灌木如竹子或紫薇，可以起到隔音效果，减少外部噪声对营业厅的影响；防风植物，如松树或冬青树则能有效缓解风力对空间使用的干扰。这种功能性植物配置不仅提升了空间的实用性，还为客户创造了更舒适的服务环境。

4. 观赏效果

合理安排植物的高度和密度，可以避免遮挡人的视线和影响整体景观效果。在电网营业厅外部空间中，应根据空间大小和视线要求，科学规划植物的布局。例如，低矮的灌木可用于入口区域，避免遮挡建筑物的标识；高大的乔木则适合种植在远离视线的区域，以形成背景层次感。密度的控制也至关重要，过于稀疏会显得空洞，过于密集则可能造成压迫感。通过合理的布局设计，可以实现植物景观的最佳观赏效果，增强营业厅的吸引力。

二、电网营业厅外部空间的水景设计

（一）水景类型选择

水景类型选择在电网营业厅外部空间设计中具有重要意义，它不仅能够提升空间的视觉吸引力，还能通过多样化的形式满足顾客的感官体验需求。水景的设计需结合营业厅的功能定位、周边环境特点以及顾客的心理需求，确保其与整体空间布局相协调。合理的水景选择与布置，不仅可以优化营业厅的外部环境，还能为顾客营造舒适、愉悦的体验氛围，从而提升电网营业厅的整体形象与服务品质。

静态水景设计是电网营业厅外部空间水景的一种重要形式。通过设置水池或倒影池，静态水景能够营造一种平静与和谐的氛围，给顾客带来视觉上的宁静感。倒影池的设计尤其能够增强空间的层次感，通过水面反射周围景物，形成独特的视觉效果。此外，静态水景的维护成本较低，适合那些希望通过简约设计提升空间品质的营业厅场景。静态水景的核心在于强调“静谧之美”，这种设计理念能够使营业厅外部空间更具文化韵味和艺术气息。

动态水景设计则通过水流的动感与声音，为空间注入更多的活力与吸引力。喷泉、瀑布等动态水景形式，能够在视觉和听觉上为顾客提供双重享受。喷泉的设计可以结合音乐和灯光，形成动态的表演效果，从而吸引顾客的注意力；而瀑布则通过水流的自然落差，营造出动感与自然结合的场景。动态水景设计适用于那些希望增强营业厅外部空间活力的场所，同时也能够通过水声遮蔽外部噪声，为顾客创造更加舒适的环境。

交互式水景设计是一种能够增加顾客参与感的创新形式。通过设置互动喷泉或触摸式水幕，交互式水景为顾客提供了参与体验的机会，从而提升空间的趣味性与互动性。例如，可设立感应式喷泉装置，顾客在经过时水流随之变化，或设计触摸式水幕，使顾客可以通过触摸改变水流的形态。这种设计不仅能够吸引顾客停留，还能增强顾客对电网营业厅的品牌认同感，特别适合面向年轻顾客群体。

生态水景设计通过引入自然元素，如鱼池、荷塘或水生植物，为顾客创造一个贴近自然的环境。这种设计形式注重生态性与可持续性，将自然景观融入营业厅外部空间中，不仅能够提升环境的生态价值，还能缓解城市环境的压力。例如，在水景中引入水生植物，不仅可以美化环境，还能起到净化水质的作用；而鱼池的设计则能够通过动态的生物景观，为顾客创造更加生动的视觉体验。生态水景设计强调人与自然的和谐共生，适合那些注重环境责任与可持续发展的电网企业。

装饰性水景设计通过结合灯光、雕塑或其他艺术元素，打造出具有独特视觉效果的水景装置。这种设计形式注重水景的艺术性与文化内涵，能够有效提升电网营业厅的品牌形象。例如，可以在水景中融入企业标志性雕塑，或通过灯光投影技术在水面上展示企业文化主题。装饰性水景设计不仅能够增强空间的观赏性，还可以传递企业的文化价值与品牌理念。这种设计形式适用于那些希望通过水景展现企业形象与文化内涵的场所。

（二）水景与环境融合

电网营业厅外部空间的水景设计不仅是景观设计的重要组成部分，更是与环境融合的关键环节。通过水景与周边建筑的材质和色彩协调设计，可以实现视觉上的统一性，增强空间的整体美感。在具体实践中，设计师需要充分考虑电网营业厅建筑的特性，例如建筑外立面的材质、主色调等，以确保水景在整体环境中扮演和谐的角色。这种视觉上的统一不仅能够提升空间的审美价值，还能够强化营业厅在城市环境中的形象，形成独特的品牌识别。同时，水景的设计应避免单一化，注重细节处理，以增强其吸引力和观赏性。

水景的流动路线形态和布局在空间导向性方面具有不可忽视的作用。通过合理规划水景的形态，可以自然地引导顾客的步行动线，将入口、广场等功能区域有机连接起来。流线型的水景设计不仅能够优化空间的动线安排，还可以减少顾客在营业厅外部空间中的迷失感，提升空间的使用效率。特别是在大型电网营业厅的场景中，这种引导性设计尤为重要。此外，水景的布局还可以与地面铺装、标识系统相结合，形成多维度的空间指引，进一步强化顾客的空间体验。

结合水景周围的植被配置，可以形成自然过渡区域，既提升生态效益，又增强整体环境的层次感和观赏性。植被的选择需要考虑当地的气候条件和生态环境，以确保其能够长期稳定地生长。同时，植被的搭配应注重多样性和层次性，与水景形成相辅相成的效果。例如，低矮灌木可以作为水景边缘的过渡植被，而高大乔木则可以形成背景层次，增强空间的立体感。通过这种植被与水景的结合设计，不仅能够提升环境的生态价值，还能够营造出自然、舒适的空间氛围，为顾客提供更好的休憩体验。

水景与灯光系统的融合设计在夜间具有显著的视觉吸引力。通过灯光的投射和水面的反射，可以营造出独特的光影效果，增强空间的动态视觉体验。例如，利用不同颜色的灯光与水景的流动结合，可以形成多变的视觉效果，吸引顾客驻足观看。灯光设计还可以与营业厅的品牌形象相结合，形成特定的主题灯光效果，进一步强化空间的识别度。同时，灯光与水景的结合设计还能够提升空间的使用价值，使顾客在夜间也能够享受到高质量的景观体验。

（三）水景安全管理

水景安全管理是电网营业厅外部空间景观设计中的重要环节，其核心在于为顾客提供一个安全、舒适的环境，同时提升营业厅外部空间的整体吸引力。水景作为一种动态景观元素，虽然能够显著增强场地的视觉效果和环境氛围，但也可能因设计不当或管理疏漏带来安全隐患。因此，科学化、精细化的水景安全管理措施是确保水景功能与安全性兼顾的关键。

在水景周围铺设防滑地面材料是提高安全性的基本措施之一。湿滑的地面容易导致行人摔倒，尤其是在雨天或水景设施运行时，当地面湿度增加时会进一步加剧这一风险。通过选择高摩擦系数的防滑地面材料，能够有效减少滑倒事故的发生。同时，定期维护地面状况也是必要的管理工作，包括检查地面材料的磨损情况，及时修复或更换老化区域。这种措施不仅能保障顾客的安全，还能延长地面材料的使用寿命，降低长期维护成本。

在水景边缘设置安全护栏或隔离设施是防止意外事故的重要手段。对于深水区域，护栏的高度和强度需要符合安全标准，以避免顾客，尤其是儿童误入危险区域。此外，护栏的设计可以兼顾美观性，与周围的景观元素相协调，避免对整体景观效果造成破坏。对于浅水区域，也可以通过设置低矮的隔离设施或标识警示，提醒顾客注意安全。这种双重防护机制能够有效减少水景区域的安全隐患。

配备应急救援设备是水景安全管理中的关键环节。在水景附近设置救生圈、急救箱等设备，可以在意外发生时提供及时的救援支持。这些设备的摆放位置应显眼易取，同时安排专人定期检查设备状态，确保其随时可用。此外，还可以在水景区域设置紧急呼叫装置，便于顾客在突发状况下迅速联系管理人员。这种应急机制的完善不仅提高了安全保障水平，也增强了顾客对营业厅的信任感。

三、电网营业厅外部空间的景观小品设计

（一）景观小品的材料与工艺

景观小品的材料与工艺是电网营业厅外部空间设计中的重要环节，其质量和工艺水平直接影响景观的耐久性、审美性和实用性。为了确保景观小品能够适应户外环境的长期使用，选择耐候性强的材料是设计的关键。不锈钢、铝合金和强化玻璃因其优异的抗腐蚀性能和强度成为首选材料。这些材料不仅能够抵御雨水、紫外线等自然因素的侵蚀，还能有效减少维护成本，提升景观小品的经济性。此外，这些材料的现代感与电网营业厅的科技形象相契合，能够在视觉上营造出高品质的外部空间。

在景观小品的材料选择上，环保型材料的使用也日益受到关注。可回收塑料、竹木复合材料等环保材料，因其可持续性和低碳排放等特性，成为绿色设计理念的重要体现。这些材料的使用不仅能够增强电网营业厅的环保形象，还能引导公众对可持续发展的关注。通过在景观小品中融入环保元素，进一步彰显电网企业在社会责任方面的担当，在提升品牌形象的同时，也为城市公共空间的绿色发展注入了新活力。

现代工艺技术在景观小品的制作中扮演着不可或缺的角色。高精度激光切割技术能够实现对复杂纹理的精细化加工，而3D打印技术则为独特造型的创作提供了更多可能性。这些先进工艺不仅提升了景观小品的艺术感，还赋予其科技感，使其能够与电网营业厅的现代化定位相匹配。同时，这些工艺的应用还能够显著提高设计的自由度，使设计师能够更灵活地表达创意，从而打造出更具吸引力的空间景观。

为了增强景观小品的耐用性和安全性，表面处理工艺的应用不可忽视。防腐涂层可以有效延长材料的使用寿命，抗紫外线涂层能够防止颜色褪色，而防滑纹理则在雨雪天气中提供了更高的安全保障。这些工艺的结合，使得景观小品能够适应各种复杂的天气条件，提升了其功能性和可靠性。在设计中注重细节处理，不仅能够增加用户的使用体验，还能够进一步优化外部空间的整体质量。

（二）景观小品的布局与组合

景观小品的布局与组合在电网营业厅外部空间设计中具有重要意义。布局设计应注重空间层次的合理规划，通过高低错落的摆放方式，形成丰富的视觉效果。不同高度、形状和材质的景观小品相互搭配，不仅能够避免单调感，还能使空间更加生动。高大的装置可以作为视觉焦点，吸引顾客注意，而低矮的小品则能营造亲近感，增强空间的互动性。通过这样的层次化布局，顾客在进入营业厅时能够获得更为丰富的空间体验，从而提升对整体环境的满意度。

在景观小品的组合设计中，融入互动性元素可以进一步增强顾客的参与感和趣味性。例如，设置可旋转的艺术装置或触摸式信息屏，不仅为顾客提供了娱乐和信息获取的功能，还能够激发他们的探索欲望。这些互动性设计通过吸引顾客的注意力，促进了人与空间的深度交流。同时，这种设计也有助于传递电网企业的创新形象，使顾客在体验中感受到企业的文化内涵和服务理念。

景观小品的布局需结合功能区域的分布，以实现空间的高效利用和功能性优化。例如，在休息区设置座椅类小品，既能为顾客提供舒适的停留空间，又能与周围的绿化景观相得益彰；在入口处布置导向性装置，如指示牌或艺术化的标识，能够有效引导顾客流向，提升空间的实用性和导向性。通过将景观小品与功能区域有机结合，营业厅外部空间的整体设计将更加协调，服务体验也会更为完善。

通过景观小品的组合设计，还可以形成主题化场景，这在电网营业厅外部空间设计中尤为重要。例如，利用一系列相关联的雕塑或装置，营造一种特定的文化氛围或品牌形象。这样的主题化设计不仅能够提升空间的识别度，还能传递企业的核心价值观和独特文化。顾客在这样的场景中，不仅能够感受到空间设计的艺术性，还会对企业形象产生更深刻的认知和认同感。

第三章　电网营业厅空间布局动线设计

第一节　电网营业厅客户动线设计

一、电网营业厅不同业务类型客户动线分流

（一）高低频业务分区与路径差异化设计

高低频业务分区与路径差异化设计是电网营业厅空间布局优化的核心环节之一。针对电网营业厅中不同业务类型的特点，明确高频业务区域和低频业务区域的划分，可以显著提升客户的服务体验。高频业务通常包括缴费、发票打印等操作频率较高的服务，这类业务的需求量大且处理时间较短，因此需要在动线设计中优先考虑快速通达性。而低频业务如电力增容、合同签订等则因复杂性和个性化需求而需要更多的时间与空间支持。通过科学划分这两类区域，能够有效减少客户在营业厅内的无效流动，优化整体服务效率，同时也为客户提供了更为清晰的路径指引。

在高频业务区域的设计中，设置快速通道和自助服务终端是提升处理效率的关键措施。快速通道的规划能够有效分流大批量的缴费客户，使其无须经过其他区域即可完成业务办理，避免因人群交叉而造成的拥堵。同时，自助服务终端的部署可以进一步缩短客户的等待时间，特别是在高峰时段，能够显著缓解人工服务窗口的压力。通过这些举措，高频业务的动线设计不仅提升了客户的满意度，也为营业厅的整体运作提供了强有力的支撑。

相比之下，低频业务区域的设计则更注重舒适性与专业性。由于低频业务通常涉及较为复杂的咨询和决策过程，营业厅需要为客户提供良好的咨询环境。该区域可以通过合理的空间布局，配备舒适的座椅、隔音设施以及专业的服务人员，确保客户能够在安静、私密的环境中得到高质量的服务。同时，低频业务区域的设计还应充分考虑客户的个性化需求，例如通过预约制服务减少客户等待时间，或提供专属服务台以应对特殊业务情境，从而进一步提升服务质量。

（二）线上预约客户与现场客户的动线分离

电网营业厅在优化客户动线设计时，线上预约客户与现场客户的动线分离是提升服务效率的重要手段。通过设置线上预约客户专用通道，可以有效避免两类客户在流动过程中发生交叉干扰，确保服务流程的顺畅性。专用通道的设计不仅需要考虑物理空间的合理利用，还需结合客户行为习惯，确保其便捷性和易识别性。例如，在营业厅入口处设置明显的分流标识，将线上预约客户引导至专属区域，从而在动线规划上实现精准分离，提升营业厅整体服务效能。

为进一步优化线上预约客户的服务体验，设立优先服务窗口是一个关键举措。通过为线上预约客户提供专属办理窗口，可以显著减少其等待时间，同时避免对现场客户正常业务办理的干扰。这种模式不仅能够提升线上预约客户的满意度，还能通过分流机制降低现场客户集中排队的压力，改善营业厅的整体服务环境。此外，优先窗口的设置需要结合营业厅的业务需求和客户流量特点，确保资源分配的合理性和服务的高效性。

在动线设计中，清晰的指示标识是引导线上预约客户到达指定区域的核心要素。标识的设计应简洁、直观，能够快速传递信息，避免客户因路径不明而产生困惑。例如，可以在地面、墙面及电子显示屏上同步设置指引信息，形成多维度的指引系统。这不仅有助于提升线上预约客户的到访体验，还能通过优化客户流动路径，减少因方向不明导致的空间拥堵，进一步增强营业厅的服务能力。

（三）对公业务与个人业务的专属通道规划

对公业务与个人业务的专属通道规划是电网营业厅空间布局优化的重要环节，其合理性直接影响客户的服务体验和营业厅的运行效率。在设计对公业务通道时，需要充分考虑团体客户的需求。团体客户通常人数较多，办理业务时可能涉及多个环节，因此通道的宽度设计必须足够宽敞，以容纳多名客户同时通行。此外，通道的设计应避免出现瓶颈或拥堵现象，这需要结合营业厅的实际空间条件，合理规划通道的入口、出口和转角区域，以确保客户流动的连续性和顺畅性。

个人业务通道的设计则应注重私密性和舒适度，以满足个人客户对服务环境的特殊需求。个人客户在办理业务时，往往需要进行信息交流和咨询，这些活动可能涉及隐私内容。因此，在规划个人业务通道时，应选择较为安静的区域，并通过隔音材料或屏障设计来减少外界干扰，营造一个私密的服务环境。此外，通道的装饰风格可以更加温馨，以增强客户的心理舒适感，从而提升整体服务体验。这种设计理念不仅体现了对客户需求的尊重，也有助于提高客户对营业厅的满意度。

针对对公业务区域，还需配备专门的服务人员，以提供更加专业和定制化的服务方案。企业客户的业务需求通常较为复杂，可能涉及合同签订、账单查询、用电方案设计等多方面内容。因此，服务人员的专业性和服务质量将直接影响企业客户对营业厅的满意度和忠诚度。通过在对公业务区域配备专属的服务人员，不仅能够快速响应客户需求，还可以通过个性化服务方案提升企业客户的服务体验，从而建立长期的合作关系，增强营业厅的竞争力。

（四）临时咨询与深度服务客户的动线筛选机制

临时咨询与深度服务客户的动线筛选机制是优化电网营业厅空间布局的重要环节，其核心目标在于实现客户需求的精准匹配和高效服务。临时咨询区的设置应充分考虑客户需求的多样性，针对不同类型的咨询需求提供灵活的服务空间。例如，对于仅需获取简单信息的客户，可以设置开放式的自助查询设备或快速咨询窗口；而对于需要面对面交流的客户，则应配备功能齐全的服务台，确保服务的及时性与便捷性。此外，临时咨询区域的布局还需注重动线的简洁性，以减少客户在营业厅内的流动距离，提升服务效率。

深度服务客户的动线设计则需要在注重功能性的同时，强调隐私保护。为此，可在深度服务区域设置隔音设施和私密空间，避免客户在交流过程中因环境嘈杂或担心隐私泄露而产生不适感。这种设计不仅能够提升客户的舒适感，还能增强客户对服务的信任感，从而提高服务质量和客户满意度。与此同时，深度服务区域的动线规划应避免与其他区域的动线交叉，以确保服务的独立性和专业性。这种分流设计能够有效优化营业厅的整体空间利用率。

为了进一步提升临时咨询与深度服务区域的服务效率，引入智能化服务系统是一个重要的方向。通过数据分析技术，可以实时监测客户流量、咨询类型及服务需求的变化，并据此动态调整区域布局。例如，当临时咨询需求激增时，系统可提示增加自助设备或开放更多的服务窗口；而在深度服务需求上升时，则可灵活调配服务人员或开放更多私密空间。这种智能化调控机制不仅能够提高资源利用效率，还能为客户提供更为精准和高效的服务体验。

二、电网营业厅自助服务区客户动线的设计

（一）自助设备布局与最短路径原则

自助设备的布局应遵循客户流动的自然路径，这一原则能够有效提升客户体验和营业厅的服务效率。在电网营业厅的空间设计中，自助设备的摆放需考虑客户的行为模式和动线流向，确保设备之间的距离合理，避免客户在寻找服务时产生不必要的绕行。例如，设备的布局可以根据客户进厅后的首要需求进行优化，将高频使用设备设置在显眼且易于到达的位置，而低频使用设备则可以安排在次要区域。通过这样的布局设计，不仅能够减少客户的空间迷失感，还能提升营业厅整体服务的流畅度。

在设置自助设备时，客户使用习惯是一个不可忽视的重要因素。合理安排设备的种类与数量，能够有效应对不同时段的服务需求，尤其是在高峰期，配置充足的设备可减少客户的等待时间。为了实现这一目标，设计者可以通过调研客户的行为习惯，分析不同服务项目的使用频率，从而科学地安排设备的分布。例如，高频使用的缴费设备可以设置更多终端，而低频使用的业务查询设备则可以适当减少数量。这种基于数据分析的设备配置方式能够显著提高营业厅的服务效率。

自助服务区的设计还应注重提供清晰的操作指引和视觉提示，以帮助客户快速理解操作流程。研究表明，客户在面对复杂的自助设备时，往往容易产生操作困惑，从而降低使用率。因此，在设计自助服务区时，可以通过标志性图案、详细的操作说明以及直观的界面设计，帮助客户快速完成操作。例如，在设备上方设置显眼的指引标牌，或在屏幕界面中提供简洁易懂的操作步骤，这些设计元素能够有效提高客户对自助服务的使用意愿。

（二）操作指引与异常处理流程动线

在电网营业厅自助服务区的设计中，操作指引与异常处理流程动线的合理规划是提升客户服务体验的重要环节。自助服务区的操作指引应以简洁明了的语言为核心，结合直观的图示与显著的标识，使客户能够快速理解各项服务功能及使用步骤。这种设计不仅能够缩短客户的学习曲线，还能有效减少因信息不清晰而导致的误操作现象。通过在关键区域设置高辨识度的指引标牌，辅以

视觉化的路径规划，确保客户从进入自助服务区到完成操作的全过程都能获得无缝的导航支持。

针对自助设备的操作流程设计，采用多层次的引导系统是满足不同客户需求的关键策略。具体而言，可以在设备界面中嵌入语音提示、视频演示和触摸屏指导等多种形式的引导工具，以适应不同年龄段、数字化能力和语言背景不同的客户群体。这种设计形式不仅增强了自助服务区的普适性，还能降低客户因技术障碍而放弃使用自助设备的可能性。此外，语音提示与视频演示的动态交互特性，能够有效提升客户对操作流程的理解深度，使服务体验更为流畅。

为了应对客户在使用自助设备过程中可能遇到的设备故障或操作问题，建立异常处理流程的清晰路径显得尤为重要。通过在显眼位置设置帮助支持点，并配备专业的服务人员或智能化的远程支持系统，确保客户能够在最短时间内获得有效的帮助。同时，在帮助支持点附近设置明确的指引标识，例如“设备故障报告处”或“寻求帮助路径”，能够进一步提升客户的应急处理效率。这种设计不仅能够缓解客户因问题未解决而产生的焦虑情绪，还能增强客户对营业厅服务质量的信任感。

（三）隐私保护与间隔距离规范

隐私保护与间隔距离规范在电网营业厅自助服务区的设计中具有重要意义。自助服务区作为客户完成业务办理的重要场所，其空间布局不仅影响客户的使用体验，还直接关系到客户的个人信息安全。通过合理的动线设计，可以有效避免客户在使用自助设备时因空间规划不当而产生隐私泄露的风险。隐私保护与间隔距离规范的实施，不仅是营业厅服务质量的体现，更是电网企业履行社会责任、维护客户权益的重要措施。

在自助服务区内设置隔离屏障是隐私保护的关键环节之一。隔离屏障的设计应充分考虑客户的隐私需求，确保客户在使用自助设备时不被他人打扰。通过设置物理隔离装置，可以在空间上形成相对独立的使用区域，减少外界干扰，提升客户的安全感。同时，隔离屏障的材质选择需要兼顾美观性与功能性，既要与营业厅整体空间布局和谐统一，又要满足隐私保护的实际要求，从而实现功能与视觉效果的最佳平衡。

合理设计自助设备之间的间隔距离能够显著提升客户的使用舒适度。间隔距离的规划应以客户体验为核心，确保设备之间的空间足够宽敞，以避免客户在使用过程中产生视觉上的干扰与不适。过于狭窄的设备布局可能导致客户在操作时感到局促，影响使用效率；而过于宽敞的布局则可能造成空间浪费。因此，需要结合营业厅的实际面积与客户流量，科学计算设备间距，确保空间利用率与客户体验的双重优化。

此外，在自助服务区内提供隐私保护标识是增强客户隐私意识的重要手段。通过醒目的标识提示客户注意保护个人信息，可以有效提高客户对隐私安全的重视程度。这些标识不仅能够起到提醒作用，还能传递电网企业对客户隐私保护的态度与承诺。标识的设计应简洁明了，易于识别，并与营业厅整体风格保持一致，以避免因设计不当而产生视觉干扰或信息传递失真的问题。

三、电网营业厅休息等候区客户动线的设计

（一）等候区视野覆盖与叫号系统的联动设计

等候区视野覆盖与叫号系统的联动设计是提升电网营业厅服务质量和客户体验的重要环节。

首先，等候区的视野设计应充分考虑客户的实际需求，确保客户能够清晰地观察到叫号屏幕和服务窗口的位置。这种设计不仅有助于减少客户在等候过程中的不确定性，还能通过直观的空间引导，提升客户对服务流程的掌控感。通过合理设置屏幕的高度、角度及分布位置，可以确保不同视角的客户均能便捷地获取服务信息。同时，服务窗口的标识应与屏幕显示内容相对应，形成清晰的视觉路径，避免客户因信息不匹配而产生困惑或不满。

其次，叫号系统的声音提示与等候区布局的匹配性是另一个关键设计要素。声音提示的覆盖范围应与等候区的空间分布相协调，确保客户无论身处何处都能清楚地听到叫号信息。通过科学布置扬声器的位置和调整音量大小，可以有效避免声音过强或覆盖不足的问题。此外，叫号系统的提示音应清晰、柔和，避免干扰客户的休息或沟通，同时确保信息传递的准确性。这样的设计能够在客户与服务之间建立更高效的链接，减少因未能及时听到叫号而错过服务的情况。

再次，等候区的座椅布局是影响客户等待体验的重要因素。座椅的摆放应兼顾舒适性和功能性，确保客户在等待过程中能够轻松观察到叫号屏幕及周围环境。座椅的材质和设计应注重人体工程学，并提供良好的身体支撑和舒适感，从而减少客户因长时间等待而产生的身体疲劳或焦虑感。此外，座

椅之间应保持适当的间距，为客户提供一定的私密性和活动空间。同时，合理布置座椅的方向和角度，使客户在座位上能够方便地获取服务信息，进一步优化等候体验。

最后，动态显示屏的引入为等候区的设计增添了更多的互动性和信息透明度。通过实时更新排队情况和服务信息，动态显示屏能够有效管理客户的预期，帮助客户了解当前的等候进度和预计服务时间。这种信息的透明化设计不仅能够缓解客户的焦虑情绪，还能增强其对服务流程的信任感。动态显示屏的内容设计应简洁明了，避免过多的视觉干扰，同时确保信息的及时性和准确性。这样的设计能够进一步提升客户的满意度，为营业厅树立良好的服务形象。

（二）动态排队与静态休息区域的动线平衡

动态排队与静态休息区域的动线平衡是电网营业厅空间布局优化中的关键环节，直接影响客户的服务体验与营业厅的运作效率。动态排队区域的设计需要充分考虑客户流动的自然路径，这不仅有助于引导客户以最短路径到达目标区域，还能避免因动线设计不合理而导致的拥堵或混乱。通过合理的动线规划，可以确保客户在排队过程中的顺畅与舒适，减轻因等待时间较长而可能引发的焦虑情绪。此外，动态排队区域还需结合客户行为特性，设置便于排队的空间分隔措施，以优化人流管理，提升整体服务效率。

静态休息区域的布局设计则关注客户在等待过程中的舒适性与体验感。合理的空间分配和座椅安排是设计的核心，既要保证客户有充足的休息空间，又要避免过度拥挤导致的不适感。同时，休息区域需提供舒适的座椅和适宜的环境氛围，鼓励客户在等待时进行社交或放松。这种设计不仅能够缓解客户的等待压力，还能通过提升客户的心理舒适度，增强对电网营业厅的整体满意度。为实现这一目标，静态休息区域的光线、温度以及背景音乐等细节设计也需同步进行优化，以满足客户多样化的需求。

动态排队与静态休息区域之间的界线划分需要明确且直观的指示标识，以帮助客户快速识别各自的功能区域。标识设计应遵循简洁明了的原则，结合视觉导向和文字说明，确保客户能够在最短时间内理解指引信息，避免因区域混淆造成的不必要拥堵。此外，指示标识的位置需经过精确测算，确保其处于客户视线的最佳范围内，从而实现高效的信息传递。通过明确的区域划分和视觉引导，不仅可以优化客户的动线流动，还能提升营业厅的整体秩序和管理效率。

四、电网营业厅特殊客户动线的设计

（一）老年群体优先服务通道的连续性设计

老年群体优先服务通道的连续性设计是电网营业厅优化空间布局的重要环节之一。在设计过程中，需充分考虑老年客户的行动特点和需求，确保整个通道的连续性和无障碍性。通道的规划应避免出现过多的转弯和复杂的路径，以减少老年客户的行动困难。同时，通道的地面材料应选择防滑、舒适的材质，避免因地面湿滑或不平整而导致老年客户摔倒。此外，通道应配备必要的辅助设施，如扶手和休息座椅，方便老年客户在移动过程中随时获得支撑和休息。这些设计细节不仅体现了对老年客户的关怀，也有助于提升营业厅的服务质量和客户满意度。

优先服务通道的宽度设计应充分考虑行动不便群体的特殊需求。通道的宽度必须足够宽敞，以确保轮椅、助行器等辅助设备能够顺畅通行。具体而言，通道宽度应符合无障碍设计标准，建议不低于1．2米，以便两台轮椅能够同时通过。此外，通道两侧应避免有障碍物，确保老年客户在使用通道时不受干扰。宽敞的通道不仅能减轻老年客户的心理压力，还能为他们提供更加舒适和安全的服务体验。这种细致入微的设计体现了电网营业厅在空间布局中对特殊客户群体的高度重视。

优先服务通道的标识系统是提升老年客户服务可达性的重要手段。标识系统应采用显眼的颜色和清晰的文字，以便老年客户能够快速识别并找到专属通道。颜色的选择应考虑到老年人视觉敏感度的下降，建议使用高对比度的色彩组合，如黄色和黑色。文字字体应选择大号、简洁的字体，避免使用过于复杂或装饰性的样式。此外，可在标识系统中加入简明的图示，帮助老年客户更直观地理解通道的功能和方向。通过完善的标识系统设计，营业厅能够有效提升老年客户的服务体验，增强其对营业厅环境的满意度。

（二）残障人士全流程无障碍动线标准

残障人士全流程无障碍动线标准是电网营业厅空间布局优化中不可或缺的一个组成部分，其核心在于为残障人士提供安全、便捷的服务体验。无障碍动线的设计不仅是对残障人士权益的尊重，更是营业厅服务质量提升的重要体现。

在设计中，首先需要确保通行路径的无障碍性，特别是在坡道设计上，需严格遵循纵向坡度不超过 1∶12 的标准。这一标准的设定旨在保障行动不便者能够通过自身力量安全顺畅地通行，避免因坡度过陡而导致的危险。此外，坡道的表面材料也须具备防滑性能，以进一步提升使用的安全性。

在营业厅内部，清晰的无障碍标识是实现高效动线的重要手段。这些标识应采用图形与文字相结合的形式，确保不同文化背景和阅读能力的残障人士都能够快速理解和识别。无障碍标识的内容应涵盖通道、设施和服务区域的具体位置，并在关键节点处显著标明。这种设计不仅能够提高残障人士的空间可达性，还能减少他们在营业厅内的迷失感，提升整体服务体验。同时，标识的设置应符合国家相关标准，保证其在视觉、触觉等方面的可用性和易读性。

为了进一步完善无障碍服务，营业厅需配备多种类型的无障碍服务设备。这些设备包括无障碍自助终端、辅助设备以及语音提示系统等，旨在为残障人士提供多元化的选择，确保他们能够独立完成业务操作。例如，无障碍自助终端的设计应具备高度可调节性和界面简易性，以适应不同类型残障人士的需求。此外，辅助设备如轮椅借用点和助行器存放处的设置，也能为行动不便者提供额外的便利。这些设备的应用，不仅体现了营业厅对残障人士的关怀，也彰显了其服务的专业性和人性化。

（三）孕妇及携带儿童客户的便捷路径优化

在电网营业厅的空间布局优化中，针对孕妇及携带儿童客户的便捷路径设计是提升服务质量和客户满意度的又一个重要环节。为确保这类特殊客户能够快速识别并顺利通过营业厅，应设置清晰的专用通道和醒目的标识。这些专用通道不仅需要具备明显的指引功能，还须与大厅整体动线设计相协调，避免与其他客户的流动路线交叉，从而减少不必要的等待和拥堵现象。此外，专用通道的宽度和坡度也需符合人体工学设计，以满足孕妇推婴儿车或携带儿童的便利需求。这些优化措施能够有效提升营业厅的服务效率，并体现对特殊客户群体的关怀。

为了进一步提升孕妇及携带儿童客户在营业厅内的舒适度，应在营业厅内提供宽敞的休息区域。这些区域应配备舒适的座椅，并根据儿童的需求设置适合的娱乐设施，如益智玩具或小型活动区。宽敞的休息区域不仅能够为孕妇提供必要的身体放松，还能为携带儿童的客户提供了一个安全的等待环境。通过科学合理的空间规划，这些区域可以避免对大厅整体动线的干扰，同时满足特殊客户群体的个性化需求，从而增强客户对营业厅服务的好感度。

母婴室的设置是优化孕妇及携带儿童客户服务的重要一环。母婴室应位于营业厅内易于找到且相对安静的位置，并配备隐私保护设施，如遮挡帘或独立隔间。同时，母婴室内需提供便利设施，如哺乳椅、尿布更换台、热水供应等，以满足孕妇和携带儿童客户的实际需求。这些设施的设置不仅体现了电网营业厅对特殊客户的重视，也为客户提供了便利和尊重，进一步提升了营业厅的服务形象和社会责任感。

第二节　电网营业厅员工动线设计

一、电网营业厅员工工作区域动线的设计

（一）前台受理区与后台支持区的短距连接

在电网营业厅的空间布局中，前台受理区与后台支持区的短距连接是优化员工动线设计的关键环节。通过合理设计两者之间的动线，可以有效提高工作效率和服务质量。前台受理区作为直接面向客户的区域，其与后台支持区的高效连接能够确保员工在办理客户事务时，迅速获取所需的支持资源，从而减少时间损耗。这种设计不仅能够缩短客户等待时间，还能提高员工的工作流畅性和客户的满意度，是电网营业厅空间布局优化的重要目标之一。

为了实现前台与后台的高效连接，合理布置两者之间的通道是必要的。通道设计应充分考虑高峰期间的业务量，确保员工能够在高负荷情况下快速流动，避免因拥堵而造成的服务延迟。具体而言，可以通过分区通道设计来减少交叉流动路线，避免员工在不同方向上的移动出现冲突。同时，通道的宽度和路径规划应符合人体工学和实际工作需求，以便员工能够在最短的时间内完成移动，提高整体运行效率。

明确的标识系统是前台与后台连接动线设计中的重要辅助工具。通过设置清晰的标识和指引标牌，可以有效引导员工在两个区域之间的移动，减少因路径不熟悉或标识不明确而导致的时间浪费。标识系统的设计应基于营业厅的实际空间布局和员工的日常工作习惯，确保其具有良好的可视性和实用性。此外，标识的语言和符号应简洁明了，方便员工快速理解和使用。

（二）工位轮换与共享办公的动线灵活性

在电网营业厅的空间布局中，工位轮换与共享办公的动线灵活性是提高员工工作效率和空间利用率的重要因素。合理的动线设计需要充分考虑员工的协作需求，通过设置灵活的移动空间，促成团队间的快速沟通与高效协作。例如，在员工日常工作中，跨部门的协作需求频繁，灵活的动线能够缩短团队成员之间的物理空间距离，降低沟通成本。同时，灵活的动线设计也有助于应对不同工作任务的需求变化，使员工能够迅速适应新的工作环境。此外，科学的动线规划还能够减少空间浪费，为营业厅的整体运营效率提供保障。

共享办公区域的设计应注重多功能性，提供多样化的工位选择，以满足员工多样化的工作方式和个性化需求。在电网营业厅的实际应用中，共享办公区域可以设置固定工位、开放工位、隔间工位等多种形式，以适应不同工作模式。例如，开放工位适合团队协作，而隔间工位则为需要集中注意力的员工提供安静的环境。通过这种多功能性的设计，员工可以根据具体工作任务选择最适合的工作区域，从而提高工作效率和舒适度。此外，多样化的工位设计还能够增强员工的自主性和工作满意度，为营业厅营造更加积极的工作氛围。

（三）保密资料传递的封闭式动线规划

在电网营业厅的日常运营中，保密资料的安全传递是保障信息安全和业务合规的重要环节。为了实现这一目标，保密资料传递的封闭式动线规划需要从整体布局上避免资料流动与其他业务流动交叉。通过采用单向流动原则，可以有效减少信息泄露的风险。例如，在资料传递通道的设计中，应明确单向入口和出口，并通过物理隔离或标识系统进行清晰区分，确保资料传递过程中的路径固定且无干扰。这种规划不仅能够优化资料传递的效率，还能从根本上降低因人员混杂导致的安全隐患。

在保密资料传递的动线区域内，设置监控系统是确保资料安全的重要技术手段。通过实时监控通道内的人员流动，能够实现对资料传递过程的全程可视化管理，确保每一份资料的传递都处于可控范围内。监控系统应具备高清摄像和数据存储功能，以便在必要时进行回溯和审查。同时，结合门禁系统和身份识别技术，可以进一步提升通道的安全等级，确保只有授权人员才能进入该区域。这种多层次的安全设计能够为营业厅的保密资料传递提供强有力的保障。

为了提高资料传递过程中的安全性和规范性，还需要在传递区域内设置专用的保密资料存放区。该存放区应具备防火、防潮、防盗等功能，确保资料在临时存放期间不受外界因素的影响。合理的存放区设计可以避免因资料随意放置而导致的丢失或损坏问题。此外，存放区的容量和位置应根据实际业务需求进行规划，以便员工能够快速存取资料，同时不影响传递流程的连贯性。

（四）员工个人物品存储与工作区的路径分离

在电网营业厅的空间布局优化中，员工个人物品存储与工作区的路径分离是提高工作效率与环境秩序的重要设计原则。员工个人物品存储区应合理设置在工作区的边缘位置，这样的布局能够有效减少存取个人物品对日常工作流的干扰。通过优化路径分布，确保员工在办公过程中能够更加专注，从而提高整体的工作效率。边缘化的存储区设计不仅有助于形成清晰的工作区域边界，还能避免因存储行为干扰团队协作和服务流程。

为了进一步提升空间的功能性与安全性，设计独立的通道供员工存取个人物品是非常有必要的。这种设计能够避免员工动线与客户动线的交叉，从而减少不必要的接触和潜在的冲突风险。这种分离式动线设计不仅提升了工作环境的安全性，也增强了对员工的隐私保护，对营业厅的管理和运营秩序起到积极作用。此外，独立通道的设置还能避免客户误入员工区域的情况发生，从而保障营业厅整体动线的清晰性和逻辑性。

在个人物品存储区内，提供明确的标识与指引是优化员工使用体验的重要措施。通过设置清晰的区域划分和醒目的标识，帮助员工快速找到存储位置，减少不必要的时间浪费。这种细致入微的设计能有效提高物品取用的便利性，同时体现了对员工需求的尊重和关怀。此外，标识与指引的合理设计还能避免因物品存储混乱而引发的误会和矛盾，进一步提升工作环境的和谐度。

二、电网营业厅员工内部协作动线的设计

（一）跨部门协作的环形动线优化

电网营业厅的跨部门协作环形动线优化是提升内部协作效率的重要手段。环形动线设计应充分考虑各部门之间的距离，确保员工在跨部门协作时能够迅速到达所需区域，从而减少时间浪费，提高整体工作效率。通过合理规划部门

分布和动线路径，可以有效缩短员工在空间中的移动距离，优化资源配置。这种设计理念不仅关注物理空间的高效利用，还注重员工工作体验的提升，进而促进营业厅整体运作效率的提高。

在环形动线中设置信息交流区是优化跨部门协作的重要策略。这些信息交流区可以作为员工进行快速沟通与信息共享的场所，减少传统办公模式下沟通不畅的问题。通过设置便捷的交流空间，不同部门的员工可以更高效地相互交换信息、协调工作任务，从而提升协作效果。此外，这些区域还可以设计为开放式或半开放式空间，既满足信息交流的功能需求，又能保持一定的私密性，适应不同交流场景的需求。

环形动线的布局设计应充分考虑不同部门的工作流程，确保员工在协作时能够顺畅地流动，减少不必要的等待与拥堵。通过对工作流程的深入分析，可以合理安排部门的空间位置，使得动线与流程高度契合。例如，将需要频繁互动的部门安排在环形动线的临近位置，减少员工在不同部门间移动的时间成本。这种基于业务逻辑的动线优化设计，不仅能够提高员工的工作效率，还能降低营业厅内的运行成本。

设计环形动线时，设置明确的指示标识是不可或缺的一环。清晰的标识能够帮助员工快速识别各部门的位置，避免因方向不明而导致的时间浪费与协作延误。标识设计应结合空间布局与人机工程学原理，确保其在视觉上易于识别、内容上简洁明了。此外，标识的布局应与环形动线的整体设计相协调，形成一种视觉上的连贯性，从而进一步提升整体协作的流畅性。

（二）文件传递与签字确认的最短路径设计

文件传递与签字确认的最短路径设计在电网营业厅的空间布局优化中具有重要意义，其核心目标是提高工作效率并确保信息安全性。通过合理规划文件传递的动线，可以有效减少员工在日常工作中的时间浪费，同时降低因路径复杂或不合理而可能引发的工作延误。在设计文件传递通道时，采用单向流动原则是一项重要的优化策略。这种设计能够显著减少员工在传递文件过程中的交叉干扰，避免因路径重叠而可能导致的混乱和误操作。单向流动原则还能够提升传递过程中的安全性，尤其是在涉及敏感文件或重要签字确认时，确保信息的高效流转和保密性。

在具体的动线设计中，设置专用的传递窗口或通道是实现安全性与效率的关键措施。通过明确文件传递的专用路径，可以防止文件在传递过程中因存放不当或路径混乱而导致的丢失或信息泄露。这些专用通道应当被合理地嵌入营业厅的整体空间布局中，并且与其他动线保持适当的分离，同时考虑到员工的工作习惯与实际需求。此外，传递窗口的设计应注重便捷性和隐私性，例如采用封闭式窗口或带有安全锁的传递箱，以确保文件在传递过程中的安全存放与处理。这种设计不仅能够提升文件传递的效率，还能为员工提供更加明确、直观的操作指引。

随着信息化技术的快速发展，利用信息化手段优化文件传递流程已成为一种趋势。电子文档管理系统的引入可以有效减少纸质文件的使用，从而降低文件传递的复杂性和环境负担。通过信息化手段，文件可以实现无纸化传递与签字确认，大幅缩短了文件流转的时间，同时降低了因纸质文件传递可能引发的信息泄露风险。信息化手段的应用还能够提升文件传递的透明度和可追溯性，为员工提供更加清晰的操作流程。在设计动线时，应充分考虑信息化设备的布局与使用便捷性，确保信息化手段能够与实际操作流程无缝衔接。

文件传递流程的有效性需要定期进行评估与优化，以确保其持续满足员工的工作需求与效率要求。在实际操作中，文件传递流程可能会受到多种因素的影响，例如营业厅的空间调整、员工数量的变化或工作内容的更新。因此，定期对文件传递流程进行审查和优化是必要的。通过分析实际操作中的问题与瓶颈，可以及时调整传递路径或相关设施的布局，确保其始终保持高效性与适用性。这种动态优化的方式不仅能够提升文件传递的整体效率，还能够为营业厅的持续发展提供有力支持。

（三）晨会与临时沟通的站立式节点规划

电网营业厅的晨会与临时沟通节点设计，是优化员工协作动线的重要环节。晨会节点的设置应位于员工流动的主要通道上，这样可以确保员工在日常工作中能够便捷地参与会议，避免因位置偏僻导致的时间浪费或沟通延迟。通过合理的节点布局，能够有效提升沟通效率，促进团队协作。尤其是在电网营业厅这种高频次、快节奏的工作环境中，科学的晨会节点设计对于保障工作流程的顺畅性具有重要意义。

在设计站立式节点时，应重点考虑提升员工短时间内交流的效率。为此，可以在节点区域设置高桌椅，这种设计不仅能够促使员工以站立的姿态快速进行信息交换，还能降低会议的正式性，使讨论更为轻松且互动性更强。这种形式的节点设计，能够有效减少时间成本，同时避免传统会议环境中可能带来的拘谨感，进而增强员工之间的协作氛围。此外，高桌椅的设置还能节省空间资源，是一种兼具功能性和经济性的设计方案。

晨会节点的功能性还应体现在信息的可视化上。通过配备如白板或电子显示屏等可视化工具，能够更直观地展示关键信息和数据，帮助员工快速理解会议内容。这种设计特别适用于需要频繁更新数据或传达复杂信息的场景，能够显著提升会议的有效性。同时，可视化工具的使用也能减少沟通中的信息偏差，确保团队成员能够准确获取所需信息，从而提高整体工作效率。

为了进一步增强晨会节点的吸引力和实用性，可以在节点周围设置饮水机或小型休闲区。这种设计不仅能够为员工提供便利，还能营造轻松的工作氛围，鼓励员工在非正式场合进行交流。这样的环境设计有助于打破部门间的沟通壁垒，增强团队凝聚力，从而为营业厅的整体运营提供支持。此外，这种人性化的设计还能够提升员工的工作满意度，间接促进工作效率的提升。

三、电网营业厅员工休息与后勤动线的设计

（一）茶水间/卫生间与工作区的合理半径

茶水间和卫生间的合理布局是电网营业厅员工动线设计中的重要环节。茶水间和卫生间的设置应充分考虑员工的工作流动特性，确保其与工作区之间保持合理的半径，以减少员工在工作期间的非必要走动时间，从而提高整体工作效率。过长的距离会增加员工的时间消耗，可能导致工作效率降低，同时也可能对员工的身体健康产生不利影响。因此，合理的空间规划不仅是对员工日常需求的回应，更是提升营业厅整体运营效率的重要手段。

在布局设计中，茶水间和卫生间的位置应避免与主要工作区直接相连。这种设计可以有效减少噪声和其他干扰，为员工创造一个更加安静和集中的工作环境。电网营业厅作为一个高频次服务客户的场所，员工需要在相对安静的环境中完成后台处理和信息录入等关键任务。将茶水间和卫生间布置在工作区的边缘地带，可以在满足员工需求的同时，最大限度地降低其对工作环境的影响。

通道的宽敞性是茶水间和卫生间设计中不容忽视的因素。特别是在高峰时段，员工可能集中使用这些区域，如果通道过于狭窄，容易造成拥堵，不仅影响员工的工作节奏，还可能引发安全隐患。因此，设计时应确保通道宽敞且畅

通，满足多名员工同时通行的需求。通道设计应符合人体工程学的基本原则，既要便于员工快速通行，又要为紧急情况预留足够的空间。

为了提升整体空间的可达性和便利性，茶水间和卫生间应设有明显的指示标识。这些标识应符合国家相关标准，采用易于辨识的颜色和字体，确保员工能够快速找到位置。特别是在新员工或临时人员较多的情况下，清晰的标识可以减少不必要的时间浪费和困扰。同时，标识的设计应与营业厅整体风格相协调，既要实用，也要美观，要体现空间设计的专业性和人性化。

（二）员工餐厅的错峰使用路径规划

在电网营业厅的日常运营中，员工餐厅的使用频率较高，合理规划其使用路径对于优化员工动线、提高运营效率具有重要意义。通过合理划分员工餐厅的就餐区域，可以有效缓解高峰时段的人员集中问题。根据不同部门或工作班次设置分区，不仅能够减少因过度拥挤而导致的用餐体验下降，还能保障员工在有限时间内高效完成用餐任务。这样的区域划分需充分考虑部门间的协作需求以及班次分布特点，从而实现资源的最大化利用，同时避免跨部门人员过度集中带来的管理压力。

智能预约系统的引入是提升员工餐厅使用效率的重要创新手段。通过该系统，员工可以提前选择用餐时段和座位，这不仅优化了用餐时间安排，还能有效减少排队和等待时间，提高整体工作效率。智能预约系统还可以通过实时数据分析，预测不同时间段的用餐需求，帮助餐厅管理方合理安排资源配置，例如增加高峰时段的服务人员或调整餐品供应量。这样的技术手段不仅提高了员工的就餐体验，也为营业厅的后勤管理提供了数据支持。

单向流动的动线布局设计是保障餐厅内部人员流动顺畅性和安全性的关键措施。在餐厅内，取餐、用餐和离开时的路径若发生交叉，容易导致拥堵甚至带来安全隐患。通过单向流动的动线设计，可以有效避免人员逆向流动所带来的混乱，同时提升整体空间的利用效率。例如，设置明确的取餐入口和用餐出口，并在路径上标示清晰的指引标志，能够帮助员工快速找到各自的位置，减少不必要的停留和绕行，从而提高餐厅的运转效率。

灵活的餐桌布局设计能够适应不同规模的用餐需求，是提升餐厅空间利用率的重要策略。根据用餐人数的变化，动态调整餐桌的摆放方式，可以在高峰时段容纳更多员工，同时在低峰时段保持宽敞舒适的用餐环境。例如，采用可折叠或可移动的餐桌设计，使空间配置更加灵活。这种布局方式不仅能够满足多样化的用餐需求，还能为员工提供更好的用餐体验，以增强他们对企业的归属感。

（三）心理减压室与医疗室的紧急可达性

心理减压室与医疗室的选址应充分考虑员工的工作特点和紧急需求。将这些功能性空间设置在靠近员工主要工作区域的位置，可以显著缩短员工在心理或身体不适时的行动时间，从而快速缓解不适对工作效率和安全性的影响。此外，合理的选址能够减轻员工在紧急情况下的心理负担，提升其对工作环境的满意度和安全感。尤其是在电网营业厅这样高压且高强度的工作环境中，心理减压室与医疗室的合理布局是保障员工身心健康的重要一环。

为了进一步优化心理减压室与医疗室的紧急可达性，设计独立的通道是必要的。通过独立通道连接这些空间，可以有效避免员工与客户动线之间的交叉，既保障了员工的隐私，也提升了通行效率。在紧急情况下，员工能够快速、安全地抵达心理减压室或医疗室，而不必担心因客户流动而受阻。此外，独立通道还能够减少客户对员工专属空间的干扰，确保营业厅整体运作的有序性和专业性。

心理减压室与医疗室的内部设计也需要注重细节，特别是在指示标识和导航系统的设置上。清晰的指示标识能够帮助员工迅速找到所需设施，尤其是在紧急情况下，时间的把控尤为重要。导航系统的设计应直观、易懂，并结合营业厅的整体布局，避免复杂的路径选择。同时，这些标识还应与营业厅的整体视觉系统相协调，既不破坏环境美观，又能在功能性上发挥最大作用。

为了确保心理减压室与医疗室的有序使用，可以在其入口处设置实时状态指示灯或预约系统。这些设施能够帮助员工在紧急情况下快速判断空间的可用性，减少等待时间。此外，预约系统还可以在非紧急情况下分配资源，避免不必要的拥堵和使用冲突。通过这种方式，心理减压室与医疗室能够在紧急和日常两种情境下都实现高效管理，为员工提供更好的服务体验。

第四章　电网营业厅空间环境的优化

第一节　电网营业厅空间视觉环境的优化

一、电网营业厅空间的照明系统设计

（一）自然光与人工照明的动态平衡策略

1. 评估自然光的可用性

通过分析营业厅的窗户位置、大小及其朝向，可以确定自然光的照射时间和强度。这一过程不仅能够帮助设计者优化室内光环境，还能提升空间的自然采光效率，减少人工照明的过度使用，从而降低能源消耗。此外，合理评估自然光的可用性还可以为后续人工照明方案的设计提供重要参考依据，确保光源的协同作用。

2. 人工照明方案的设计

根据营业厅的功能需求，可以选择合适的人工照明设备，如 LED 灯、吊灯等。这些设备不仅能够满足不同区域的照明需求，还能通过合理配置其位置和亮度，确保光线分布的均匀性。设计中需充分考虑营业厅的服务功能，例如窗口区域需要较强的照明以提高工作效率，而休息区则需要柔和的光线以增强顾客的舒适感。此外，人工照明方案的设计还需要综合考虑设备的节能性能和使用寿命，以实现经济性与功能性的平衡。

3. 引入智能照明系统

智能照明系统能够根据自然光的变化实时调整人工照明的亮度，从而实现光源的动态平衡。这种技术不仅能够提升照明系统的灵活性，还能显著提高能源利用效率，减少不必要的电力消耗。智能照明系统的应用还能够通过数据分

析功能，为营业厅管理者提供光环境优化的指导意见，从而进一步提升空间环境的质量。此外，该系统的自动化特性可以减少人工干预，降低管理成本，同时确保光环境的持续优化。

4. 光色温的搭配

不同色温的光源能够对视觉环境产生显著影响。在营业厅空间设计中，应根据功能区域的特点选择适合的光色温。例如，高色温光源适用于工作区域，以提高员工的注意力和工作效率；低色温光源则适合休息区域，以营造舒适放松的氛围。通过合理搭配光色温，不仅可以提升顾客的体验感和满意度，还能够强化营业厅的整体形象，给客户留下良好的印象。这种设计方法体现了照明系统对空间环境优化的综合性和细腻性。

（二）业务办理区的无眩光定向照明方案

1. 选择具有防眩光设计的灯具

在电网营业厅空间的业务办理区，照明系统设计至关重要，其优化不仅能够提升顾客的视觉舒适度，还能够显著提高业务办理效率。无眩光定向照明方案成为该区域设计的核心策略之一。优先选择具有防眩光设计的灯具是关键措施之一，例如漫射型 LED 灯具，这类灯具能够有效地将光线柔化并均匀分布，避免直射光对顾客和工作人员的视觉干扰。通过使用防眩光灯具，可以减少光污染，营造更为温馨的业务办理环境，同时确保视觉的清晰度和舒适度。

2. 合理布局照明灯具的位置

根据业务办理区的功能需求，灯具的安装位置需经过精确计算，以确保每个工作区域都能获得均匀的光照。避免阴影和亮度不均的问题是布局设计的核心目标之一，这不仅能够使工作人员更高效地完成业务操作，还能减少顾客因光线不佳而产生的不便感。灯具布局的科学性直接关系到空间环境的整体视觉效果，优化布局能够提升营业厅的空间利用率和视觉体验。

3. 引入可调光技术

在不同时间段或业务高峰期，可调光灯具能够根据实际需求调整亮度，从而满足动态变化的环境需求。这种可调光技术不仅能够降低能源消耗，还能优化照明效果，确保顾客在高峰期感受到舒适的光照环境。可调光技术的应用体现了照明设计的智能化趋势，为电网营业厅空间的现代化提供了有力支持。

二、电网营业厅空间的色彩搭配设计

（一）主色调与辅助色调选择

电网营业厅的空间色彩设计在优化视觉环境中具有重要意义。选择符合企业形象的主色调是设计的核心环节，它不仅能够增强品牌识别度，还能提升顾客的信任感。主色调的选择应与企业标识色相协调，以传递专业性和可靠性，营造出与企业文化相一致的空间氛围。例如，在营业厅内使用蓝色或绿色作为主色调，可以传递稳定、环保和技术先进的品牌形象，为顾客提供视觉上的认同感，同时强化企业的社会责任感与服务理念。

辅助色调的选择则需要注重与主色调的和谐搭配，以增强空间的层次感和丰富性。通过合理的辅助色调设计，可以在视觉上形成吸引力，避免单一色彩带来的沉闷感。辅助色调可以采用与主色调邻近的颜色，以保证整体的统一性，也可以选择对比色来突出重点区域的功能性。例如，在以蓝色为主色调的基础上，搭配浅灰色或白色作为辅助色调，不仅能够提升空间的明亮感，还能够使营业厅显得更加整洁和现代化，从而提升整体空间的美感。

在不同功能区域使用不同的色调组合是优化空间实用性的重要策略。电网营业厅通常包含咨询区、等候区和业务办理区等功能区域，每个区域的色彩设计应满足顾客的心理需求和情感体验。例如，等候区可以采用柔和的暖色调，如浅黄色或米色，以缓解顾客的焦虑情绪；业务办理区则可以使用冷色调，如浅蓝色或灰色，以营造专业和高效的环境。这种区域化的色彩设计不仅能够增强空间的实用性，还能提升顾客在不同场景中的舒适感。

（二）色彩与功能区域结合

色彩设计在电网营业厅功能区域的划分和优化中扮演着重要角色。通过合理运用色彩与功能区域的结合，可以有效增强各区域的功能性和吸引力。例如，在接待区选择温暖的色调，如米黄色或浅橙色，不仅能够营造一种亲切友好的氛围，还能让顾客在初入营业厅时感受到宾至如归的体验。而在业务办理区，则更适合使用冷静的色调，如浅灰色或淡蓝色，以帮助营造高效、专业的工作环境，减少顾客等待和办理业务时的焦躁情绪。这种色彩的选择与搭配，不仅体现了对空间功能性的深刻理解，也展现了对顾客心理需求的精准把握。

在休息区的色彩设计中，柔和的色彩成为首选，如浅绿色、淡粉色或米白色。这些色彩能够有效地缓解顾客在等待过程中的疲劳和压力，营造一种轻松舒适的氛围，从而提升顾客的整体体验。此外，展示区则需要采用鲜明的色彩，如红色、橙色或亮黄色，以吸引顾客的注意力，突出展示内容的核心信息，增强展示效果。这种对比鲜明的色彩设计能够快速抓住顾客的目光，使展示区成为营业厅内的视觉焦点，从而达到信息传递的目的。

结合色彩心理学的研究成果，不同功能区域的色彩设计还能进一步强化其特定的功能属性。例如，在咨询区使用蓝色，能够传递专业性、稳定性和信任感，有助于顾客在咨询过程中感受到可靠的服务保障。而在儿童活动区，则可以选用明亮的色彩，如黄色、橙色或绿色，这些色彩能够激发儿童的好奇心和参与感，使他们在活动区中获得更好的体验。这种基于心理学的色彩设计，不仅提升了空间的功能性，还增强了顾客的心理认同感。

为了实现空间的整体连贯性，营业厅的过渡区域可以采用渐变色彩设计。通过从一种色彩逐渐过渡到另一种色彩，可以有效避免区域之间色彩突兀带来的视觉不适感，同时增强空间的流畅感和整体性。例如，从接待区的温暖色调逐渐过渡到业务办理区的冷静色调，再到展示区的鲜明色调，这种渐变设计能够引导顾客的视觉流动，提升空间的舒适度与体验感。这种设计方法不仅优化了视觉环境，也体现了电网营业厅在空间布局上的精细化管理和人性化关怀。

（三）色彩心理效应应用

色彩在空间设计中不仅具有装饰功能，还能通过心理效应影响顾客的情绪和行为。在电网营业厅空间布局优化中，合理运用色彩心理效应能够显著提升顾客的体验和服务效率。研究表明，色彩可通过视觉感知直接作用于人的心理状态，从而影响顾客的情绪、注意力及行为选择。因此，结合营业厅各功能区的需求，科学地运用色彩心理效应成为优化空间环境的重要手段。

在电网营业厅休息区，暖色调（如橙色、黄色）因其具有舒缓情绪、减轻压力的心理效应，成为营造温馨氛围的首选。这些色彩能够帮助顾客在等待过程中放松心情，减轻因时间等待而产生的焦虑感。同时，温馨的环境还可以提升顾客的整体体验满意度，使其在营业厅内感受到舒适与关怀。这种色彩运用不仅优化了空间环境，也间接促进了顾客与营业厅之间的情感联结。

业务办理区是电网营业厅的核心功能区域，其空间设计需注重效率与信任的传递。冷色调（如蓝色、绿色）因其具有稳定情绪、增强信任的心理效应，成为这一区域的理想选择。这些色彩能够传达专业性，使顾客在办理业务时感受到可靠与高效的服务氛围。同时，冷色调还可以帮助顾客集中注意力，减少干扰，从而提升业务办理的效率和满意度。

展示区作为电网营业厅的产品推广与宣传区域，其设计目标是吸引顾客的兴趣并激发购买欲望。暖色调（如红色、紫色）因其具有强烈的视觉冲击力和吸引注意力的心理效应，在展示区的应用尤为重要。这些色彩能够有效地突出展示内容，使顾客在进入营业厅后迅速关注到产品或服务信息。同时，明亮色彩的运用还能激发顾客的情感共鸣，促进展示效果的最大化以及销售转化率的提升。

咨询区是电网营业厅内顾客与工作人员进行深入沟通的区域，其空间设计需注重营造安静、专注的环境。中性色调（如灰色、米色）因具有平衡情绪、提升注意力的心理效应，成为咨询区的最佳选择。这些色彩能够帮助顾客在沟通过程中保持专注，减少外部环境的干扰，同时营造出一种沉稳而专业的氛围。中性色调的应用不仅优化了咨询区的功能性，也增强了沟通的有效性，从而提升服务质量和顾客满意度。

三、电网营业厅空间的数字化屏幕布局与视觉干扰控制

（一）信息屏、广告屏、业务屏的分区聚焦设计

在电网营业厅中，信息屏、广告屏和业务屏的分区聚焦设计是优化视觉环境的核心环节。通过合理的分区布局，可以有效避免不同屏幕之间的信息干扰，使顾客能够在短时间内获取所需信息。信息屏主要用于展示业务公告、政策信息等静态内容，广告屏则侧重于品牌宣传和增值服务推广，而业务屏则承担着实时业务办理的动态信息展示功能。在设计过程中，需要明确各类屏幕的功能定位，确保它们在营业厅中发挥各自的独特作用，避免信息内容的重复或混淆，从而提升整体的服务效率和客户满意度。

为了进一步优化视觉引导效果，屏幕的布局需结合顾客的流动路径进行科

学设计。信息屏应布置在顾客进入营业厅的显著位置，方便其快速了解业务办理的基本信息；广告屏则可设置在顾客等待区或流动路线交会处，以增加其曝光率和宣传效果；业务屏则应靠近业务办理窗口，便于顾客实时查看办理进度和相关动态信息。这种基于顾客行为路径的布局设计，不仅提升了信息获取的便利性，同时也减轻了顾客的视觉疲劳和认知负担。

在技术层面，不同屏幕之间的视觉差异是实现分区聚焦设计的重要手段。通过采用多样化的显示技术和内容呈现方式，例如信息屏使用静态图文形式，广告屏运用动态视频或动画效果，业务屏则结合实时数据图表，能够显著增强顾客对屏幕内容的识别能力。此外，屏幕的色彩搭配、亮度调节和内容排版也需考虑其功能定位和目标受众的不同情况，确保不同屏幕之间形成清晰的视觉层次，避免信息干扰和视觉疲劳。

屏幕的尺寸和分辨率设计是影响信息清晰度和可读性的关键因素。在营业厅的实际场景中，屏幕需要根据空间大小和顾客的视距进行合理选择。例如，信息屏可选择中等尺寸以保证顾客在远距离时能清晰读取，广告屏则可适当增加尺寸以吸引顾客的注意力，而业务屏则需兼顾细节展示的需求，采用高分辨率屏幕以确保动态信息的准确呈现。这种基于场景需求的屏幕设计，有助于提升顾客的视觉体验和信息获取效率。

（二）屏幕亮度自适应调节技术应用

屏幕亮度自适应调节技术的应用为电网营业厅的空间优化提供了重要的技术支持。这项技术能够通过实时监测环境光的变化，自动调节屏幕亮度，从而确保信息在不同光照条件下的清晰可读性。在电网营业厅这一公共服务场所中，顾客需要快速获取服务信息，而屏幕亮度的适应性调节能够有效提升信息传递的效率和准确性。通过动态调节屏幕亮度，避免了因环境光变化而导致的显示效果不佳问题，使顾客在不同光线条件下都能轻松获取所需信息。

这一技术的实现依赖于传感器和智能算法的协同工作。传感器能够实时收集周围光线强度的数据，并将这些数据传递给智能算法进行分析和处理。根据分析结果，屏幕亮度会进行动态调节，以适应环境光的变化。这种调节机制不仅提升了顾客的视觉舒适度，还减少了因光线不均匀导致的视觉疲劳和不适感。对于电网营业厅这样的高人流量场所而言，这种改进能够显著优化顾客的服务体验，同时提升营业厅的整体服务质量。

屏幕亮度自适应调节技术还具有显著的节能优势。通过根据自然光的变化动态调节屏幕亮度，可以有效降低屏幕的能耗，延长设备的使用寿命。这种节能环保的特性符合现代社会对可持续发展的要求，也为电网营业厅的运营成本控制提供了助力。同时，屏幕亮度的优化调节能够在保持良好显示效果的同时，减少不必要的能源浪费，从而实现经济效益与环境效益的双赢。

这一技术的应用不仅在功能层面优化了屏幕的显示效果，还在情感层面提升了顾客的满意度和忠诚度。电网营业厅是顾客获取服务和信息的重要场所，其视觉环境的优化直接影响顾客的整体体验。屏幕亮度的自适应调节能够营造出更加舒适的视觉氛围，使顾客在营业厅内感受到更高的服务品质和人性化关怀。这种正面的体验反馈有助于增强顾客对电网服务的信任和依赖，从而为企业形象的提升和客户关系的维护奠定坚实基础。

（三）多屏互动时的视线流动序列规划

在电网营业厅的空间设计中，数字化屏幕的多屏互动布局是提升顾客体验的重要环节。多屏互动时的视线流动序列规划需要从顾客的视觉行为出发，设计合理的视线引导路径，确保顾客在不同屏幕之间的视觉流畅性。通过对顾客视线流动的研究，可以发现自然的视线移动趋势往往遵循从左到右、从上到下的逻辑。因此，在布局设计中，应优先考虑这一规律，将关键屏幕内容设置在顾客视线的起始点，并通过合理的屏幕间隔与排列方式，减少视觉跳跃，避免因屏幕分布不当而导致的注意力分散现象。

屏幕位置与高度的优化是确保信息获取效率的又一个关键因素。顾客在营业厅内的站立或坐姿高度直接影响其视线的自然落点，因此屏幕的安装位置需与顾客的视线高度相匹配。过高或过低的屏幕位置都会导致信息获取效率下降，甚至引发视觉疲劳。此外，屏幕的角度设置也需经过科学计算，以确保屏幕内容能够直观呈现，避免因观看角度不佳而导致信息模糊或失真。通过这些优化措施，可以显著提升顾客在多屏互动场景中的视觉舒适度和信息获取效率。

此外，屏幕内容的呈现方式在多屏互动中起着至关重要的作用。为了避免信息重复或冲突，各屏幕之间的信息传递逻辑需要清晰严谨。在设计过程中，应对屏幕内容进行合理分区，确保每个屏幕展示的内容具有独立性和连贯性。例如，可以将一个屏幕用于展示动态信息，如实时电价或节能提示，而另一个屏幕则专注于静态信息，如营业厅服务流程或设备操作指南。同时，屏幕之间的信息切换需遵循统一的节奏，避免因切换频率过快或过慢而影响顾客对信息的接收效率。

第二节　电网营业厅空间声学环境的优化

一、电网营业厅空间的噪声源识别与控制

（一）噪声源识别与分析

电网营业厅空间的噪声源识别与分析是优化声学环境的关键环节。通过深入研究营业厅内主要噪声源，可以为后续的控制措施提供科学依据。

首先，需要识别营业厅内的主要噪声源，包括设备运转声、顾客交谈声以及外部交通噪声等。这些噪声源在不同区域和时间段对环境的影响程度各异。设备运转声通常源于空调、打印机和其他电子设备，其连续性和频率特性可能对顾客的听觉舒适度产生显著影响；顾客交谈声则是动态性较强的噪声源，尤其在业务办理高峰时段表现尤为明显；外部交通噪声则因营业厅位置的不同而有所差异，尤其在临街营业厅中更为显著。对这些噪声源进行全面分析，可以为营业厅声学环境的优化奠定基础。

其次，评估噪声源对顾客体验的影响是噪声识别工作的重点之一。噪声对顾客体验的干扰程度在业务办理区和休息区表现出显著差异。在业务办理区，噪声可能会干扰顾客与工作人员之间的交流，降低业务办理效率；而在休息区，较高的噪声水平可能会影响顾客的放松体验，进而降低对营业厅服务的整体满意度。因此，针对不同区域噪声源的影响进行评估，可以帮助营业厅管理者明确优化的优先级和方向。

再次，采用声学测量工具对噪声水平进行定量分析是识别噪声源的重要手段。通过专业设备，如声级计、频谱分析仪等，可以精确记录营业厅内不同时间段的噪声水平。这种定量分析不仅可以识别高峰噪声时段，还能为噪声控制措施的实施提供数据支持。例如，在早晨和午后顾客流量较大的时段，噪声水平通常较高，而在营业厅关闭前的一小时，噪声水平可能会显著下降。通过定量分析，可以制订有针对性的优化方案，减少高峰时段的噪声干扰。

最后，研究噪声传播路径及声学特性是优化营业厅空间声学环境的另一个重要环节。营业厅内不同区域的声学特性，如吸声率、反射特性等，会直接影响噪声的传播和扩散。通过分析噪声传播路径，可以识别噪声扩散的关键区域，

如业务办理区中设备集中的区域或休息区与外部交通干扰的交界处。针对这些关键区域，采取声学优化措施，如使用吸音材料或设置隔音屏障，可以显著降低噪声对营业厅整体环境的影响。

（二）噪声控制措施制定

1．在营业厅内增加吸音材料

吸音板、地毯和窗帘等材料具有良好的吸音性能，可以有效减少声波在硬质表面上的反弹，从而降低室内噪声的扩散。这些材料的选择和布局需结合营业厅的实际空间特点，以实现声学性能与视觉美观的双重优化。通过吸音材料的合理应用，营业厅的整体声学环境能够得到显著改善，为顾客和工作人员提供更加舒适的空间体验。

2．设置隔音罩或隔音屏障

针对设备噪声的干扰问题，可以在设备运转区域设置隔音罩或隔音屏障，这些设施能够有效降低噪声的传播强度，减少对业务办理区和休息区的影响。隔音罩通常采用高密度材料制成，能够吸收和隔离设备产生的高频噪声，而隔音屏障则可以通过物理分隔的方式阻挡噪声的扩散路径。此类措施不仅能够提升营业厅的声学环境质量，还能够提高工作人员的工作效率和顾客的服务体验。此外，在设计和安装隔音设施时，应考虑设备运行的通风和散热需求，以确保设备的正常运行。

3．分隔高噪声区域和低噪声区域

通过合理分隔高噪声区域和低噪声区域，可以有效减少噪声的相互干扰。例如，将设备运转区域设置在远离业务办理区和休息区的角落，并通过隔断或墙体进行物理分隔，可以显著缩小噪声的传播范围。同时，在人员交谈较多的区域设置吸音装置或软质隔断，也能够降低交谈声对其他区域的影响。空间布局的优化不仅能够提升营业厅的声学环境，还能够实现整体功能区域的协调分布，为顾客提供更加安静和高效的服务体验。

4．安装门窗隔音设施

为有效阻隔外部交通噪声对室内环境的影响，安装门窗隔音设施是不可或缺的措施。双层玻璃和密封条是常用的隔音设施，能够显著减少外部噪声的传入。双层玻璃通过增加空气隔层，可以有效降低声波的传播速度，而密封条则能够封闭门窗缝隙，阻止噪声的渗透。门窗隔音设施的安装不仅能够改善营业厅内的声学环境，还能够提升室内的能源利用效率，减少冷热空气的流失。结合营业厅所在区域的交通状况和噪声特点，选择适合的隔音设施可以最大化其效果，为顾客和工作人员提供更加安静的服务环境。

二、电网营业厅空间的背景音乐与语音提示系统设计

（一）背景音乐选择与播放策略

背景音乐的选择与播放策略是电网营业厅空间声学环境优化的重要组成部分，其设计需要综合考虑不同区域的功能需求和顾客的心理感受。在营业厅的休息区，播放轻音乐能够有效缓解顾客等待时的焦虑情绪，营造出轻松愉悦的氛围；而在业务办理区，则适宜选择中性音乐，以帮助顾客集中注意力，提高业务办理时的效率和体验感。这种区域化的音乐选择策略不仅能够满足顾客的多样化需求，还能通过声音环境的优化提升营业厅的整体服务质量。

采用智能化背景音乐播放系统是提升电网营业厅声学环境动态适应性的关键做法。通过智能系统，可以根据顾客流量和时间段的变化，自动调整背景音乐的音量和类型。例如，在顾客人数较多的高峰时段，播放节奏轻快的音乐以缓解拥挤感；而在顾客较少的时段，则可以选择舒缓的音乐以强化空间的舒适感。此外，智能化系统还能有效减少人工干预的复杂性，确保音乐播放的实时性和精准性，与营业厅的整体环境氛围保持高度契合。

背景音乐的音量设置需要在舒适性和覆盖性之间找到平衡点。音量过高可能导致噪声干扰，影响顾客的交谈和业务办理体验；而音量过低则可能被环境噪声掩盖，失去背景音乐应有的作用。因此，营业厅应设定背景音乐的音量范围，以覆盖环境噪声为基本要求，同时避免对顾客造成听觉负担。通过合理的音量控制，能够为顾客营造出既安静又充满活力的声学环境。

结合企业品牌形象选择背景音乐，是增强品牌认知度和顾客忠诚度的重要策略。电网企业可以将企业主题曲或与品牌调性相符的音乐风格融入背景音乐库，通过声音传递品牌价值。例如，采用具有现代感的音乐风格可以传达企业的创新性，采用民族风格的音乐则可以体现企业的文化传承。这种品牌化音乐

选择不仅能够强化顾客对企业的印象，还能通过潜移默化的方式提升品牌的市场竞争力。

（二）语音提示系统设计

语音提示系统是电网营业厅空间声学环境优化的重要组成部分，其设计直接影响顾客的服务体验和营业厅的运营效率。通过科学合理的语音提示系统布局，可以实现信息传递的高效性和精准性。语音提示设备需要具备高质量的语音输出功能，以确保提示内容的清晰度。此外，设备的安装应充分考虑营业厅的空间特性，避免声音的过度反射或吸收，从而确保提示信息在不同区域均能被准确接收。通过智能化技术的引入，语音提示系统还可以实现自动化运行和实时管理，进一步提升其运行效率和稳定性。

语音提示内容的个性化设计是提升顾客体验的重要手段。针对不同顾客群体的需求，语音提示系统可以提供多样化的内容，如业务办理指引、等候时间提醒以及优惠活动通知等。这种个性化的设计可以帮助顾客更快速地获取所需信息，从而减少不必要的等待时间。此外，语音提示内容的设计还应注重语言的简洁性和信息的准确性，以避免因信息冗余或表达不清而导致顾客的困惑。通过结合顾客行为数据分析，语音提示内容还可以实现动态优化，进一步提升服务的针对性和有效性。

电网营业厅通常由多个功能区域组成，如业务办理区、等候区和咨询区等。为了确保语音提示信息能够精准传达给目标顾客，应在不同功能区域设置独立的语音提示设备。这种区域化覆盖设计能够有效减少无关信息的传播，避免对其他顾客造成干扰。例如，在等候区可以播放等候时间的提醒，而在业务办理区则侧重于业务流程的指引。通过合理的区域划分和设备布置，语音提示系统可以实现信息传播的高效性和针对性，从而优化顾客的服务体验。

在电网营业厅的实际运营中，环境噪声水平会随着顾客人数、活动强度等因素的变化而波动。为了确保语音提示信息的清晰可听，同时避免过高音量对其他顾客造成干扰，语音提示系统应引入环境噪声监测技术。该技术可以实时监测营业厅的噪声水平，并根据监测结果自动调节语音提示的音量。例如，当环境噪声较高时，系统会适当提高音量，而在较为安静的时段则会降低音量。这种动态调节功能不仅提升了语音提示的可听性，还有效减少了不必要的噪声污染。

为了满足国际顾客和特殊人群的需求，语音提示系统应具备多语言支持和无障碍设计功能。在多语言支持方面，系统可以根据顾客的语言偏好提供相应的语音提示选项，如普通话、英语和地方方言等。在无障碍设计方面，系统应为听障人士提供视觉提示的同步显示功能，如通过屏幕显示文字内容或使用灯光提示等方式。此外，语音提示的语速和音调也应具备可调节性，以适应不同顾客的听觉偏好和接受能力。通过这些功能的引入，语音提示系统能够更好地服务于多样化的顾客群体，体现营业厅的人文关怀。

三、电网营业厅空间的声学分区

（一）私密洽谈区的主动降噪技术应用

电网营业厅的私密洽谈区作为重要的客户服务空间，优化其声学环境对于提升客户体验和信息保密性至关重要。引入主动降噪耳机或头戴设备是实现这一目标的有效手段。这类设备利用先进的噪声消除技术，通过内置麦克风捕捉环境噪声，并生成相位相反的声波加以抵消，从而显著降低噪声干扰。对于洽谈区的顾客和工作人员而言，这种技术不仅能够提升沟通效率，还可以营造一个更加专注和私密的洽谈氛围，满足客户对信息保密性的需求。此外，主动降噪耳机的便携性和易用性使其成为一种灵活的解决方案，适用于不同规模和布局的营业厅。

在空间结构优化中，安装主动降噪墙面或隔断是另一种有效的声学处理方式。这些墙面或隔断内置麦克风和扬声器，能够实时捕捉并消除环境噪声，实现区域内的安静效果。这种技术不仅能够通过物理隔离减少外部噪声的传入，还可以通过主动降噪功能进一步优化洽谈区的声学环境。相比传统的隔音材料，主动降噪墙面或隔断在动态降噪方面表现得更为出色，能够根据环境噪声的变化进行实时调整，从而为客户和工作人员提供更加舒适的洽谈空间。

定向声波技术的应用则进一步提升了私密洽谈区的声学性能。这种技术通过专用的定向声波设备，将音频信号集中在洽谈区内，避免声音外泄，同时有效阻隔外部噪声的干扰。定向声波设备能够精准地控制声音传播的方向，使得洽谈内容仅限于相关人员能够听到，从而在技术层面上保障了信息的保密性。这种声学解决方案在空间利用率较高的营业厅中尤为适用，能够在不增加物理隔断的情况下实现高效的声学分区。

（二）开放式柜台的声音掩蔽系统设计

1. 部署声音掩蔽设备

通过安装能够播放特定频率白噪声或粉噪声的设备，可以有效减少顾客之间的声音干扰。这种技术不仅能够保护顾客的隐私，还能够营造更加舒适的交流环境。声音掩蔽设备的选择需要综合考虑频率范围、功耗以及与整体声学环境的协调性，以确保其在满足功能需求的同时，不对其他区域造成额外的声学负担。

2. 优化开放式柜台的布局和声学材料

合理规划柜台的位置和排列方式，可以减少声音的无序传播，避免声音集中或过度反射的现象。同时，在柜台表面和周围使用吸音材料，如声学织物或吸音板，可以有效降低声音的反射和传播。这些材料能够吸收多余的声波，减少环境噪声的积累，从而为顾客和工作人员提供一个更加安静、集中且高效的工作环境。材料的选择应注重吸音性能与耐久性，并与营业厅整体装修风格保持一致，以实现声学功能与空间美学的统一。

3. 分区化音频设计

通过引入分区音频系统，可以在柜台周围形成局部声场环境，使顾客能够清晰听到工作人员的声音，同时削弱邻近区域的噪声干扰。这种分区设计能够有效提升柜台工作的语音清晰度和交流效率。分区音频系统的设计需要考虑区域声场的分布、音频设备的安装位置以及系统的调试参数，以确保声音传播的均匀性和稳定性。此外，分区音频设计还能够根据不同区域的功能需求进行个性化调整，进一步优化营业厅的声学环境。

4. 引入智能声场管理系统

该系统能够根据实时环境噪声水平动态调整声音掩蔽设备的工作状态，从而确保柜台区域的语音清晰度和环境舒适性。智能声场管理系统通过传感器实时监测环境噪声，并通过算法分析调整声音掩蔽设备的输出参数，以适应不同的声学需求。这种动态调节功能不仅能够提升声学优化的效率，还能够减少能耗，符合绿色节能的设计理念。智能声场管理系统的应用需要结合电网营业厅的具体需求，进行定制化设计和实施，以确保其功能的最大化发挥。

（三）员工休息室的完全静音舱配置

电网营业厅作为高频次人流活动的场所，员工在工作中常面临高噪声环境带来的身心压力。为缓解这一问题，完全静音舱的配置成为优化员工休息室声学环境的重要举措。静音舱通过科学的声学设计，能够有效隔绝外部噪声，为员工提供安静的休息空间。这种设计不仅提升了员工的工作舒适度，也间接提高了营业厅的整体服务质量。静音舱的核心目标是为员工创造一个与外界噪声隔绝的环境，使其能够在繁忙的工作间隙获得充分的放松和恢复。

静音舱的声学结构优化设计是其功能实现的关键。采用多层隔音材料是静音舱的基础，通过结合高效吸音技术，能够有效降低外部噪声的传入，同时减少内部声波的反射。这种设计不仅能够确保静音舱的隔音效果，还能优化舱内的声学环境，使其更加安静宜人。此外，声学材料的选择还需考虑环保和耐用性，以保证静音舱能够长期稳定运行。通过科学的声学结构优化设计，静音舱能够为营业厅员工提供一个高质量的静音休息空间。

为了满足不同员工的需求，静音舱的内部配置强调个性化设计。舱内配备可调节座椅，能够根据员工的身高和体型进行调节，确保舒适性；柔和的照明系统则避免了强光对休息效果的干扰；空气净化设备的引入则进一步提升了舱内环境的健康性。这些配置不仅提升了员工的休息体验，还能帮助员工在短时间内达到身心放松的效果。这种个性化设计体现了对员工需求的细致关怀，同时增强了静音舱的使用价值。

静音舱的智能化管理系统为其使用效率和体验提供了坚实保障。通过引入智能预约和使用管理系统，员工可以通过移动设备轻松预约静音舱的使用时间，避免了资源浪费和使用冲突。此外，员工还可以根据个人偏好调节舱内的温度、照明和背景音效，进一步提升使用体验。这种智能化设计不仅提高了静音舱的管理效率，也增强了员工对静音舱的满意度。智能化静音舱管理系统的应用体现了科技在空间优化中的重要作用。

四、电网营业厅空间紧急情况下的声学响应

（一）紧急广播系统设计

电网营业厅作为公共服务场所，其紧急广播系统设计是保障顾客和工作人

员安全的关键环节。该系统的设计需充分考虑营业厅的空间特点和实际需求，以确保在紧急情况下信息能够高效、准确地被传递。紧急广播系统的分区覆盖设计尤为重要，根据电网营业厅的空间布局特点，可将营业厅划分为多个覆盖区域。每个区域均应独立接收并播放紧急信息，这种分区设计不仅能够防止信息传播的混乱和遗漏，还能针对不同区域的实际情况进行有针对性的广播指引。例如，营业大厅、办公区和设备间可分别设立独立的广播区域，以确保信息传递的精准性和及时性。

紧急广播内容的多样化预设是提升应急响应效率的另一项重要措施。在实际应用中，预先录制和储存多种紧急情况下的广播内容显得尤为必要，如火灾疏散指引、地震避险提示以及突发事件通知等。这些内容应根据不同的紧急场景进行详细规划，以便在突发事件发生时能够快速调用，避免因临时录制或编辑广播内容而延误最佳应对时间。例如，在火灾发生时，广播系统应立即播放疏散路径提示；而在地震发生时，则需提供避险位置和行为指导。这种多样化预设不仅提升了系统的灵活性，也能有效保障人员的安全。

为了进一步提高紧急广播系统的响应速度和可靠性，自动触发机制的引入显得尤为重要。通过将广播系统与营业厅内的监控设备和传感器系统联动，当系统检测到火灾、烟雾或其他异常情况时，紧急广播可自动触发并第一时间发布警报信息。这种自动化设计不仅能够减少人为操作的延迟，还能在突发情况下迅速启动应急措施。例如，当火灾探测器检测到烟雾浓度超标时，广播系统可自动播放疏散提示，指导顾客和员工迅速撤离至安全区域，从而最大限度地减少人员伤亡和财产损失。

（二）声学警报系统应用

1. 部署高频声学警报设备

高频声音具有较强的穿透力，能够在嘈杂的环境中迅速传播并引起人群的注意。在营业厅内部署此类设备，可以有效克服背景噪声的干扰，确保警报信息能够快速覆盖整个空间。尤其是在人员密集的区域，高频声学警报设备能够显著提高信息传递的效率，为紧急情况下的快速反应提供保障。

2. 设置区域化声学警报机制

电网营业厅通常根据业务需求划分为多个功能区域，如客户服务区、自助服务区和后台办公区等。不同区域的人员密度和功能特点存在显著差异，统一的警报方式可能无法满足实际需求。通过设计分区化的声学警报系统，可以针对各区域的特点设置不同的警报频率、音量和内容。例如，在客户服务区可采用较高音量的警报，而在后台办公区则可选择较低音量但更频繁的提示，从而实现警报信息的精准传递，避免资源浪费和信息冗余。

3. 采用语音警报与音效结合的方式

在警报系统的设计中，采用语音警报与音效结合的方式，是提升信息传递清晰度的重要手段。单一的警报音效可能因信息模糊而引发混乱，而通过在警报中融入清晰的语音指令，可以直接向顾客传达具体的行动建议。例如，语音提示可以明确告知人群“立即疏散至最近的安全出口”，而特定的音效信号（如警笛声）则可以起到强化警报紧急性的作用。这种多层次的设计能够帮助顾客快速理解警报内容，避免因信息模糊导致的延误或误判。

（三）紧急疏散声学引导

1. 安装能够播放连续音频信号的设备

在电网营业厅的紧急疏散场景中，声学引导设备的设置是保障顾客安全的重要环节。通过在疏散通道内安装能够播放连续音频信号的设备，如模拟脚步声或方向指引音，能够有效帮助顾客快速定位疏散出口。这种声学引导方式不仅能够在视觉信息受限的情况下提供可靠的指引，还能通过声音的连续性增强顾客的行动信心，避免因慌乱而产生的停滞或选择错误方向。尤其在复杂的营业厅空间中，这种声音信号的应用能够显著提高疏散效率，减少安全风险。

2. 音频定位技术的应用

通过动态调整声音的方向性，音频定位技术能够实时引导顾客朝着安全区域移动。这种技术不仅能够根据人流的动态变化进行声音方向的优化，还可以结合疏散路径的复杂程度进行分区引导，确保顾客能够快速到达安全出口。此外，音频定位技术的智能化特性使其能够与营业厅的整体空间布局相协调，从而实现疏散过程中的高效引导和安全管理。

3. 设计多频段声学信号

低频声音具有良好的穿透性，可以覆盖较大范围的区域，为顾客提供广域方向感；而高频声音则具有较强的定位性，能够精确指向疏散出口。这种多频段声音的组合使用能够在不同疏散阶段提供层次化的指引，既能帮助顾客快速辨识疏散方向，又能在接近出口时提供精确的定位信息，从而显著提升疏散效率。这种技术设计不仅考虑了声学信号的物理特性，还兼顾了顾客在紧急情况下的听觉感知能力。

4. 预设不同的声学引导场景

结合电网营业厅的空间布局和人流特点，预设不同的声学引导场景是实现高效疏散的前提条件。通过智能系统实时切换音频内容，可以根据具体的疏散需求调整声学信号的类型和播放方式。例如，在人流密集的区域可以增强声音的覆盖范围，而在出口附近则可以强化声音的定位效果。这种场景化的声学引导设计能够最大限度适应营业厅的空间动态变化，确保疏散过程的顺畅性和安全性。

第三节　电网营业厅空间触觉环境的优化

一、电网营业厅地面材质的选择

（一）防滑材料应用

为了降低顾客在营业厅内滑倒的风险，应优先选择具有良好防滑性能的地面材料。例如，聚氨酯、橡胶或防滑瓷砖等材料因其卓越的防滑特性而被广泛应用。这些材料通过增强摩擦力，能有效减少滑倒事故的发生。此外，这些材料在市场上具有较高的耐用性和易维护性，能够满足电网营业厅高人流量的需求。通过科学选材，可以在确保安全性的同时，兼顾营业厅的功能性和美观性。

在高人流量区域，如业务办理大厅或入口处，地面材料的防滑性能尤为重要。采用具有纹理表面的材料是一种有效的优化策略。这些纹理表面不仅能显著增强地面的摩擦力，还能在湿滑条件下提供额外的安全保障。这种设计不仅提高了营业厅的安全性，还能有效应对各种环境因素带来的挑战。同时，在材料的选择上，需充分考虑其耐磨性，以确保长期使用过程中性能稳定，减少频繁更换的成本。

地面材料的维护和清洁是确保防滑特性长期有效的重要环节。污垢的积聚可能会显著降低材料的防滑性能，进而增加滑倒风险。因此，电网营业厅需制订定期维护和清洁的计划，采用专业清洁工具和方法对地面进行保养。通过这一举措，不仅能够延长材料的使用寿命，还能确保营业厅始终为顾客提供安全的环境。同时，维护过程中需注意避免使用可能损伤材料表面的清洁剂，以保持材料的原始防滑特性。

根据不同功能区域的使用需求选择相应的防滑材料，是电网营业厅空间优化的关键策略。在休息区，可以选择较软的材料，如橡胶地板，以增加舒适度，提升顾客的体验；而在业务办理区，则应优先选择更耐磨的防滑材料，以应对高频使用场景的需求。这种差异化的材料选择不仅能够优化空间功能分区，还能为顾客提供更具有针对性的服务体验，体现电网营业厅空间设计的人性化理念。

（二）地毯与地板的选择

在电网营业厅的空间环境优化中，地毯的选择具有重要的触觉和听觉双重功能。地毯因其柔软质感和优良的隔音性能，能够有效减少脚步声和环境噪声，为顾客营造一个安静舒适的空间氛围。这种特质尤其适用于营业厅的休息区域，顾客在等待时可以享受更为愉悦的环境体验。此外，地毯的柔软特性还能够缓解长时间站立或行走带来的足部疲劳，从而提升整体服务体验。通过选择具有高密度纤维和良好声学性能的地毯材料，可以进一步优化营业厅的空间环境，使其更加符合现代服务场所的需求。

电网营业厅作为高人流量的公共场所，其地板材质的耐用性和易清洁性是空间设计中的关键考量。地板材料须具备耐磨、抗污的特性，以应对频繁的使用需求并延长使用寿命，同时减少维护成本。复合地板和强化木地板是较为理想的选择，它们不仅在耐用性方面表现优异，还拥有光滑表面，便于日常清洁和保养。在业务办理区等高频使用区域，采用易清洁的地板材料能够显著提高清洁效率，确保了营业厅环境的整洁与专业性。这种材质选择不仅体现了功能性，还符合现代空间设计的实用性要求。

合理的地面材质搭配能够显著提升电网营业厅的空间功能性和顾客体验。

在营业厅的不同功能区域，应根据具体需求选择适配的材质，例如，在休息区铺设地毯以增强舒适感，而在业务办理区则选用地板以方便清洁。这种区域化搭配不仅能够实现功能分区，还能通过材质的视觉和触觉差异，帮助顾客快速辨识空间布局，提高空间的使用效率。通过科学的材质规划，营业厅可以在满足功能需求的同时，营造出具有层次感和设计感的空间环境，为顾客提供更加优质的服务体验。

随着绿色环保理念的普及，电网营业厅在地面材质选择上应优先考虑环保性材料。采用释放低的 VOC（挥发性有机化合物）地毯和地板产品，不仅能够减少对室内空气质量的影响，还能彰显企业的社会责任感和环保意识。这种选择在优化空间环境的同时，也体现了企业对顾客健康和生态可持续发展理念的关注。此外，环保材料的使用能够减少对自然资源的消耗，符合现代企业追求绿色发展的趋势。通过引入环保型地面材料，电网营业厅可以进一步提升品牌形象，赢得顾客的认可与信赖。

在电网营业厅的某些特定区域，如设备操作区或数据处理区，防静电功能的地面材质尤为重要。选用具有防静电特性的地毯或地板，可以有效避免静电对电子设备运行造成的干扰，从而保障设备的稳定性和安全性。同时，防静电材质能够减少静电对顾客体验的影响，例如避免因静电导致的不适感或意外情况。这种功能性选择不仅体现了空间设计的细致性，还能够提升营业厅的技术支持能力，使其更好地服务于电网业务的高效开展。通过对防静电材料的应用，营业厅的空间环境可以更加符合现代化技术场所的要求。

二、电网营业厅的温湿度调控

（一）温湿度监测系统安装

在电网营业厅的空间环境优化中，温湿度监测系统的安装是关键的一环。通过部署智能温湿度传感器网络，可以实现对营业厅内各区域温湿度数据的实时监测。这些传感器能够精准采集环境参数，为营业厅的温湿度调节提供可靠的数据支持。实时监测不仅能够确保环境参数的动态调整，还能为营业厅的空间优化提供数据基础，从而提升整体环境的科学性和舒适度。此外，智能传感器的网络化部署能够覆盖营业厅的所有关键区域，确保监测的全面性和准确性。

在营业厅的业务办理区和休息区安装独立的温湿度监测设备，是满足不同功能区环境需求的重要措施。由于业务办理区通常人流量较大且活动频繁，其温湿度变化较为显著，因此需要专门的监测设备来实时调整环境参数。而休息区作为顾客暂时停留和放松的空间，对舒适度的要求更高，因此独立的监测设备也是必不可少的。这种针对性安装方式能够有效保障不同功能区域的环境质量，进一步提升顾客的服务体验，同时为员工创造更加舒适的工作条件。

将温湿度监测系统与中央空调和加湿设备联动，是实现自动化调节的重要手段。这种联动机制能够根据实时监测数据动态调整营业厅的温湿度环境，避免人工调节的滞后性和误差。通过智能化的控制系统，中央空调和加湿设备可以迅速响应环境变化，确保营业厅内的温湿度始终处于最优状态。这不仅提高了顾客和员工的舒适度，还能有效降低设备的能耗，体现了空间环境优化的可持续性和经济性。

为了便于管理人员及时了解环境状态并快速响应异常情况，温湿度监测系统需要配备数据可视化平台。该平台能够直观展示监测结果，包括各区域的温湿度数值、变化趋势和异常警报等信息。管理人员可以通过平台实时掌握营业厅的环境状况，并根据数据分析结果迅速采取优化措施。这种数据可视化的应用不仅提高了管理效率，还为营业厅的环境优化提供了科学依据，体现了现代化管理的优势。

（二）温湿度调控设备配备

电网营业厅作为服务型场所，其温湿度环境的调控不仅直接影响顾客的服务体验，也对员工的工作效率和设备运行状态具有重要作用。在优化温湿度调控设备的配备上，首先需确保设备的智能化与高效性。通过配备智能中央空调系统，营业厅能够基于实时监测的温湿度数据，自动调整运行模式。例如，当顾客流量增加或外界气温骤然升高时，智能中央空调能够迅速响应，调整制冷强度，确保营业厅内各区域的环境始终处于舒适状态。此外，这种智能化设备还能优化能效，减少能源浪费，从而降低营业厅的运行成本。

针对不同季节和气候条件下的湿度控制需求，电网营业厅应配备高效节能的空气加湿器和除湿机。湿度过高或过低均会对顾客和员工的舒适体验产生不利影响，例如过高的湿度可能导致空气闷热，而过低的湿度则可能引发皮肤干燥或呼吸不畅。通过合理选择设备，营业厅能够在夏季潮湿或冬季干燥的环境下，有效调节空气湿度，营造更加宜人的服务环境。同时，高效节能设备的使用还能够降低电力消耗，符合电网企业绿色低碳发展的理念。

电网营业厅内部通常划分为多个功能区，如等候区、业务办理区和员工办公区等，不同区域对温度的需求可能存在差异。为实现精准的温度调节，可在营业厅内安装分区温控设备，例如独立的温控面板或区域化空调出风口。如此一来，等候区的顾客可以享受适宜的温度，而业务办理区的员工则能在更为舒适的环境中高效工作。这种分区调控方式不仅提升了空间的舒适性，还避免了因过度调节某一区域而导致的能源浪费。

在当前越来越注重环境健康的背景下，配备带有空气净化功能的温湿度调控设备显得尤为重要。这些设备能够通过过滤颗粒物和有害气体，有效提升营业厅内的空气质量。空气质量的改善不仅能够为顾客提供更健康的服务环境，还能减少员工因空气污染而引发的健康问题，从而进一步提高工作效率。尤其是在空气质量较差的地区，这类设备的应用更是优化营业厅空间触觉环境的关键举措。

（三）温湿度调控策略制定

制定科学合理的温湿度调控策略是优化电网营业厅触觉环境的关键环节。营业厅内的功能区划分明确，不同区域的温湿度需求存在显著差异。以业务办理区为例，该区域需要保持适宜的温度和较低的湿度，以减少高温和湿度对工作人员和顾客的干扰，从而提高工作效率和顾客的办理体验。而休息区则更加注重舒适感，适当提高湿度可以缓解干燥环境对顾客的身体不适感，营造更加放松的氛围。因此，根据功能区的不同需求制定分区化温湿度标准，可以有效提升营业厅整体环境的适应性和用户满意度。

顾客流量规律和季节变化是影响温湿度调控的重要因素。营业厅的高峰时段通常伴随着人流密集流动，这会导致室内温度迅速上升。通过动态调整温湿度参数，例如在高峰时段适当降低温度，可以有效应对热量积聚问题，以保持空间环境的舒适性。而在冬季，干燥的空气可能会对顾客的呼吸系统和皮肤造成不适，此时适当提升湿度可以缓解这种影响，优化顾客的体验感受。通过结合流量规律和季节特性调整温湿度参数，不仅可以提升环境适应性，还能增强营业厅的服务质量。

节能优先的温湿度调控策略是营业厅空间优化的重要方向。在合理设置温湿度范围的基础上，避免过度调节可以有效降低设备能耗，减少不必要的能源浪费。同时，利用自然通风和遮阳设施辅助调控，可以进一步降低对空调和加湿设备的依赖。例如，在夏季通过遮阳设施减少阳光直射，从而降低室内温度；

在春秋季节则利用自然通风调节湿度，减少设备运行时间。通过节能优化手段，不仅可以降低运营成本，还能实现绿色环保目标。

针对特殊区域如设备存储区和洽谈区，差异化的温湿度控制方案尤为必要。设备存储区对湿度有严格要求，过高的湿度可能导致设备受潮损坏，因此必须保持低湿度环境以保障设备安全。而洽谈区则强调交流的舒适性和稳定性，温湿度的剧烈波动可能对顾客的体验造成负面影响，因此需要保持相对稳定的环境。通过针对性地制订不同区域的温湿度控制方案，可以更好地满足特殊区域的需求，提升营业厅的整体功能性。

三、电网营业厅无障碍设施的触觉引导设计

（一）触觉引导路径设计

触觉引导路径设计在电网营业厅的空间布局优化中具有重要意义，尤其是能为视障顾客提供更加安全、便利的导航体验。通过设置地面触觉引导标识，营业厅可以利用不同材质、纹理或凸起设计的地面材料，帮助视障顾客通过触觉感知路径方向。这种方法不仅能确保行走的安全性，还能大幅提升顾客的空间感知能力。例如，在通往功能区的路径上，可以采用凸起条纹或点状纹理的地面材料，这些材料的触感变化能够为视障顾客提供明确的方向指引，同时减少迷失的可能性。此外，在路径设计中，需考虑地面材料的耐久性和防滑性能，以保障日常使用的可靠性。

在触觉引导路径设计中，扶手或导向栏杆上的触觉标记也能起到关键作用。通过在关键转角或功能区域入口处设置凸起的文字或图案，视障顾客可以通过触摸识别重要信息和方向。例如，在电网营业厅的业务办理区入口处，设置凸起的“业务办理”字样或简化的触觉图案标识，能够帮助顾客快速定位目标区域。这种设计不仅提升了空间的无障碍性，还能减少顾客对工作人员的依赖，增强其自主性。需要注意的是，触觉标记的设计应符合人体工程学原则，确保其高度和形状便于触摸，同时避免因过度复杂的设计而降低识别效率。

节点提示的设置是触觉引导路径设计中的又一关键环节。在路径的关键节点，如功能区入口、楼梯口或紧急出口的位置，可以通过在地面或扶手上添加独特的触觉符号来增强路径的指引性。例如，在楼梯口处可以设置一组凸起的

箭头符号，而在紧急出口处则可以采用更加明显的触觉标志，如圆形凸起或特殊纹理。这些节点提示不仅能够帮助顾客快速识别关键位置，还能在紧急情况下提供更高的安全保障。此外，节点提示的布置应与整体路径设计相协调，避免因过多的标识而造成信息冗余。

为了进一步提升视障顾客的自主导航能力，可以引入触觉地图展示系统。在营业厅入口处提供触觉式区域地图，顾客可以通过触摸了解营业厅的整体布局和功能区分布。例如，触觉地图可以以凸起的线条表示通道，以不同的纹理区分功能区，并在重要区域添加触觉标识说明。这样的设计不仅能够帮助顾客在进入营业厅时快速建立空间认知，还能减少其在营业厅内的迷茫感。触觉地图的制作应注重细节，确保其信息表达清晰、触感舒适，同时避免因地图过大或过于复杂而影响使用体验。

（二）触觉标识系统

触觉标识系统是电网营业厅无障碍设施设计中的重要组成部分，旨在为视障顾客提供便捷的空间导航和功能区定位服务。通过科学设计触觉标识，可以有效提升营业厅的服务质量和用户体验。在触觉标识系统中，设计的核心在于实现对触觉信息的准确传递，同时兼顾标识的耐用性和功能性。触觉标识不仅是空间布局的一部分，更是无障碍服务理念的体现。通过优化触觉标识系统，能够进一步满足不同顾客的需求，推动营业厅空间环境的全面提升，为社会的无障碍建设贡献力量。

触觉标识的材质选择直接关系到其功能性和耐久性。在电网营业厅的高频使用环境下，触觉标识需采用耐用且触感明显的材料，如橡胶、金属或高密度塑料。这些材料不仅能够承受长期使用造成的磨损，还能确保触觉信息的清晰传递。橡胶材质具有柔软的触感，适用于盲文标识；金属材质则因其坚固性和耐腐蚀性，适合用于长期固定的触觉符号；高密度塑料因其轻便和易加工的特性，可以灵活应用于多种触觉设计。通过合理选择材质，触觉标识能够在复杂的营业厅环境中保持其功能性与可靠性。

触觉标识的标准化设计是实现无障碍空间优化的重要手段。根据相关无障碍设计规范，触觉标识需统一大小、形状和凸起高度，以便视障顾客能够快速识别和使用。标准化设计不仅能够提升触觉标识的辨识度，还能降低设计和制造成本，确保系统的可持续发展。例如，盲文标识的凸起高度需符合手指触觉的最佳感知范围，而符号形状需避免复杂设计，以减少识别难度。通过标准化设计，触觉标识能够在不同电网营业厅中实现统一应用，为顾客提供一致的服务体验。

触觉标识的区域化设置是其功能实现的关键。在电网营业厅中，触觉标识应集中设置于关键区域，如电梯口、卫生间和服务台，以帮助视障顾客快速定位功能区。这些区域的标识不仅须具备清晰的触觉信息，还需与空间布局相协调，避免顾客的误判或混淆。例如，在电梯口处设置凸起箭头标识，指示电梯的方向；在卫生间入口处设置盲文标识，标明卫生间的类型。区域化设置能够显著提升触觉标识的实用性，进一步优化营业厅空间环境的无障碍水平。

触觉标识的多样化信息传递能够满足不同顾客的需求，并提升标识的功能性。结合盲文、凸起符号和箭头等多种形式，触觉标识可以传递丰富的信息，为顾客提供更全面的导航服务。例如，盲文标识可提供文字信息，凸起符号可传递功能区的具体用途，而箭头标识则可指示方向。通过多样化设计，触觉标识能够适应不同顾客的认知习惯，增强无障碍设施的包容性和实用性，为营业厅空间环境优化提供更高质量的解决方案。

四、电网营业厅互动设备的触觉反馈优化

（一）触觉反馈技术应用

1. 振动反馈技术

在互动设备中集成振动反馈功能，通过不同频率和强度的振动信号为用户提供直观的操作确认提示。这种技术能够有效增强设备的触觉交互性能，使用户在操作过程中获得明确的反馈，减少误操作的可能性。振动技术的优化不仅提升了用户体验，还为营业厅的智能化建设提供了重要的技术支持。

2. 温度变化模拟触觉感知技术

在互动设备表面引入可控温度变化技术，可以通过冷热变化模拟不同的触觉感受，为顾客提供更丰富的交互体验。这种技术能够在设备交互过程中增加感官层面的多样性，使用户在操作时获得更加真实和自然的感知效果。温度变化技术的应用不仅提升了设备的交互能力，还为电网营业厅的服务环境增添了人性化和科技感。

3. 纹理动态变化技术

纹理动态变化技术通过触摸屏表面纹理的动态变化，为用户提供操作路径或功能选择的触觉引导。这种技术减少了用户对视觉提示的依赖，使操作更加直观和高效。纹理动态变化能够帮助用户快速定位目标功能，同时提供一种新颖的交互方式。这种技术在营业厅互动设备中的应用，不仅优化了触控操作的便捷性，还提升了整体空间环境的智能化水平。

4. 压力感应技术

在互动设备中集成压力感应模块，根据用户施加的压力强度提供不同的触觉反馈。这种技术能够提升操作的准确性和灵敏度，使用户在触控过程中获得更细腻的反馈体验。压力感应技术的应用为电网营业厅的互动设备提供了更高的操作性能，同时满足了用户对触觉交互的多样化需求。

（二）设备交互体验提升

1. 优化触控界面的操作流畅性

通过优化触控界面的操作流畅性，可以有效提高设备的响应速度和触觉反馈的同步性，从而减少用户在交互过程中的等待时间。这种优化不仅可以提升顾客的整体使用体验，还能增强用户对设备操作的信心和满意度。触控界面的流畅操作是设备交互的基础，响应速度的提升能够显著缩短用户的操作路径时间，使交互过程更加高效。此外，触觉反馈的同步性改进则通过及时的振动或触觉信号强化用户的操作确认感，避免因反馈延迟而导致的误操作或信息遗漏。

2. 引入用户自定义触觉反馈功能

不同顾客在触觉敏感度和偏好上存在显著差异，因此允许用户根据个人需求调整触觉反馈的振动强度、频率或触觉模式，能够显著提升设备的适用性和用户体验。例如，一些用户可能偏好更强烈的振动提示，以便在嘈杂环境中感知操作反馈，而另一些用户则可能更倾向于柔和的触觉信号以避免干扰。通过提供这种灵活的自定义功能，电网营业厅可以更好地满足多样化的用户需求，增强设备的适应性和吸引力。

3. 在设备上增加触觉引导功能

通过物理按钮或触摸区域的触觉差异，用户可以快速识别设备的功能区域，进而提升操作的准确性和效率。例如，在触摸屏上设计不同质感的触摸区域，或在物理按钮上增加特定的纹理，可以使顾客在操作时无须过多依赖视觉提示，从而更快速地完成目标操作。这种触觉引导功能还能有效降低用户的学习成本，使新用户能够更快熟悉设备的使用方法，进一步提升用户体验。

第五章 电网营业厅空间布局的智能化优化

第一节 基于物联网技术的电网营业厅空间布局优化

一、电网营业厅空间的物联网设备部署

（一）设备选型与采购策略

电网营业厅的物联网设备选型与采购策略是实现智能化优化的关键环节。根据营业厅的功能需求，需优先选择能够满足多样化应用场景的物联网设备类型，如智能监控摄像头、环境传感器和客户自助服务终端等。智能监控摄像头可实现对营业厅内外的实时监控与安全管理，环境传感器则有助于监测温湿度、空气质量等环境参数，确保客户和员工的舒适性，而客户自助服务终端则能提升客户服务效率，减少人工服务压力。这些设备的功能需求明确，为营业厅的智能化运营奠定了基础。

在设备选型过程中，兼容性与互联性是重要的技术考量因素。物联网设备需要能够无缝对接已有的电网管理系统，确保数据的高效传输与共享。例如，智能监控设备应能够将采集的图像数据直接传输到中央管理平台进行分析，而环境传感器的数据需要能够与能源管理系统产生联动，优化营业厅的能耗管理。通过注重设备的兼容性与互联性，不仅能够提升整体系统的智能化水平，还能避免因设备不匹配而导致的资源浪费和技术障碍。

在采购策略上，制定合理的预算和性价比评估是必要的前提。在满足功能需求的前提下，应优先选择具有良好售后服务和技术支持的供应商，以降低后期维护成本。例如，供应商是否提供及时的设备维修、更换服务，以及是否能够提供长期技术支持，都是采购时需重点考量的因素。此外，通过对设备的性价比进行分析，可以在预算范围内实现最佳的采购效果，从而避免因过度投资或设备性能不足而影响营业厅的运营效率。

此外，设备的可扩展性和升级潜力也是选型过程中不可忽视的因素。随着电网营业厅功能需求的不断变化和技术的快速进步，选择支持未来技术发展的

设备显得尤为重要。例如，具有模块化设计的设备可以通过增加功能模块来实现性能扩展，而支持远程升级的设备则能够通过软件更新来保持技术的先进性。这不仅能够延长设备的使用寿命，还能降低因技术淘汰带来的额外成本，为营业厅的长期智能化运营提供了保障。

（二）设备安装位置规划

1. 考虑客户的流动路径和使用习惯

通过分析客户在营业厅内的行为轨迹，可以发现客户在不同区域之间的移动规律和停留时间。这种数据为设备安装位置的优化提供了科学依据。将设备布局与客户行为相结合，可以有效减少客户在营业厅内的等待时间。例如，在客户流动较为密集的区域，增加传感器的布置密度，可以更快速地响应客户需求；在自助服务区，合理布置设备可以提升客户的操作效率，从而提高营业厅的服务质量和客户满意度。

2. 安全性与隐私保护

监控设备的安装需要避免对客户隐私的侵犯，例如避免摄像头直接对准客户的操作界面或个人信息展示区域。同时，设备的安装位置还需确保不妨碍营业厅的日常运营。例如，设备的布线和固定方式需要与营业厅的整体装修风格相协调，避免影响营业厅的视觉美观和功能性。此外，设备的安全性也需要通过合理的规划和安装来保障，避免因设备位置不当导致的潜在安全隐患。

3. 设备的技术特性和工作需求

传感器和摄像头的安装高度和角度需要根据其技术参数进行精确调整。例如，摄像头的视角需要覆盖关键区域，同时避免出现盲区，而传感器则需要根据其检测范围和灵敏度，选择最佳的安装位置和方向。这种精细化的安装规划能够提升设备的数据采集准确性，为营业厅的智能化运营提供高质量的数据支撑。通过科学合理的设备安装位置规划，电网营业厅可以实现空间布局的智能化优化，为客户提供更高效、便捷的服务体验。

（三）设备联网与调试

物联网设备的联网与调试是电网营业厅智能化布局的重要环节，其核心在于确保设备的网络连接符合标准协议，从而保障数据传输的稳定性与安全性。在设备联网的过程中，需要严格遵循国际通用的通信协议和电力行业特定的技术标准，避免因协议不兼容导致的数据丢失或传输延迟。此外，网络安全也是关键问题之一，需通过加密技术和访问控制机制来防范潜在的网络攻击，确保营业厅内用户数据和设备运行数据的机密性与完整性。通过完善的联网配置，物联网设备能够实现稳定的互联互通，为后续的智能化功能提供可靠的基础支持。

在完成联网配置后，需对设备进行初步调试，以验证其功能的正常运行。调试过程涵盖多个方面，包括传感器数据采集的准确性、监控视频流的实时传输质量以及各设备间的协同工作能力。例如，传感器需能够精准捕捉营业厅内的环境数据，如温湿度、人员流动等，并通过网络实时传输至后台管理系统；监控设备则需确保视频画面的清晰度和传输的低延迟，以满足营业厅安全管理的要求。通过系统化的调试流程，可以快速发现并解决设备运行中的潜在问题，为智能化系统的稳定运行奠定基础。

为实现对所有物联网设备的高效管理，需要建立一个统一的设备管理平台。该平台不仅能够集中监控营业厅内的所有物联网设备，还能实现对设备运行参数的实时调整和故障排查的快速响应。例如，管理平台可以通过可视化界面展示设备状态信息，帮助运营人员及时掌握设备运行情况；同时，平台还可以通过自动化诊断功能定位设备故障，并生成维护建议，从而显著提高设备维护的效率和准确性。通过科学部署设备管理平台，营业厅的智能化管理水平将得到显著提升。

二、基于物联网技术的电网营业厅空间设备互联与能耗管理

（一）设备互联协议

设备互联协议是实现电网营业厅空间布局智能化的核心技术之一。它通过定义设备间的通信规则，使得不同品牌和类型的物联网设备能够实现无缝连接与协作。随着电网营业厅逐步向智能化方向发展，设备互联协议的标准化要求显得尤为重要。标准化协议不仅能够提高系统的兼容性，还能有效降低因设备多样性带来的技术障碍。例如，采用通用的通信协议，如 MQTT 或 CoAP，可以确保设备间的信息传递高效且稳定，从而支持营业厅内各项功能的协同运行。

这种标准化的设计为物联网设备的互联提供了统一的技术框架，推动了电网营业厅的智能化建设进程。

在设备互联过程中，数据传输的安全性是另一个关键问题。电网营业厅是重要的公共服务场所，其数据涉及用户隐私和营业厅运营的核心信息，因此必须采取严格的加密技术和身份验证机制来保障数据的安全性。通过应用端到端加密技术，可以有效保护数据在传输过程中的完整性和机密性。同时，身份验证机制能够确保只有经过授权的设备和用户才能访问系统，从而防止数据泄露和恶意攻击。这些安全措施不仅提升了系统的可靠性，也为用户提供了更安全的服务体验，有助于增强公众对智能化电网营业厅的信任。

设备互联的实时性要求是保障电网营业厅智能化功能正常运行的重要因素。物联网技术的应用使得营业厅能够实时监测设备状态并快速响应用户需求，这对数据传输速度和处理能力提出了较高的要求。通过优化网络架构和采用低延迟的通信技术，可以实现对数据的快速传输和处理。例如，使用边缘计算技术将数据处理任务分布到营业厅的局部节点，可以显著降低数据传输的时间成本，从而支持即时决策和响应。这种实时性设计不仅提高了营业厅的运营效率，也增强了用户体验的流畅性。

为了保证新设备能够顺利接入现有系统，设备互联的兼容性评估显得尤为重要。电网营业厅的设备更新频率较高，如何确保新设备与现有系统的兼容性是系统设计的关键挑战之一。通过兼容性测试和协议适配，可以有效降低系统升级的复杂性，避免因设备不兼容而导致的运行故障。例如，在引入新技术时，可以通过模拟测试环境来验证设备的兼容性，从而确保系统的稳定性和连续性。这种兼容性评估方法不仅降低了技术风险，也为营业厅的长期发展提供了技术保障。

（二）能耗监测系统

能耗监测系统在电网营业厅空间布局优化中具有重要作用。通过智能传感器技术，能耗监测系统能够对营业厅内部的各类设备进行实时数据采集，确保能耗数据的准确性与及时性。这些传感器安装于照明设备、空调系统、办公设备等关键节点，能够捕捉设备运行状态及其能耗情况，从而形成完整的数据链条。这种实时监测能力不仅能够帮助管理者掌握营业厅的整体能耗情况，还能通过对数据的动态捕捉，及时发现设备异常运行所导致的能耗问题，为后续优化提供各种支持。

能耗监测系统的另一个核心功能是能耗数据的分析与评估。通过大数据分析技术，系统能够对采集的能耗数据进行深入处理，识别营业厅的能耗高峰期和低效能耗设备。这种分析能力能够帮助管理者明确哪些设备或时段是能耗的主要来源，并挖掘出影响能效的潜在问题。例如，通过数据分析发现某些设备长期处于高能耗状态，可能是由于设备老化或操作不当导致的。这些评估结果为能耗管理提供了科学依据，使得管理者能够针对具体问题制定有效的优化方案。

在能耗管理的智能化发展中，能耗预警机制的建立具有重要意义。能耗监测系统可以通过设定阈值，对异常能耗情况进行实时监控并发出预警信号。例如，当某设备的能耗突然超过正常范围，系统会自动向管理人员发出警报，提示可能存在设备故障或操作异常。这样的预警机制能够帮助管理者快速作出响应并采取措施，避免不必要的能耗损失。这不仅提高了营业厅的能耗管理效率，也降低了设备运行中的潜在风险。

针对能耗监测数据，制定能耗优化策略是提升整体能效的关键步骤。根据监测系统提供的数据，管理者可以提出一系列有针对性的能耗降低方案，例如优化设备调度、使用更高效的设备或改进操作流程。这些策略能够有效减少营业厅内的能耗浪费，同时提高设备运行效率。例如，通过调整空调的运行时段，减少非高峰期的能耗；或者通过引入节能型照明设备，降低电力消耗。这些优化措施不仅能够降低营业厅的运营成本，还能为绿色低碳发展作出贡献。

能耗监测系统还具备数据可视化展示功能，为管理者提供直观的能耗管理工具。通过仪表盘和图表的形式，系统能够将复杂的能耗数据转化为易于理解的视觉信息，如能耗分布图、趋势图等。这些可视化工具能够帮助决策者快速掌握营业厅的能耗状况，并通过对趋势的分析，制定更具前瞻性的管理策略。例如，当发现某设备的能耗逐年增加时，管理者可以提前规划设备更新或维修方案。这种数据可视化能力显著提升了能耗管理的科学性与效率，为营业厅空间布局的智能化优化提供了有力支持。

（三）节能优化策略

1. 引入智能照明系统

通过引入智能照明系统，可以根据营业厅的自然光照条件自动调节灯光亮度，从而减少不必要的能耗。这种技术将光感传感器与智能控制算法相结合，实时监测室内光照强度，并动态调节灯光的开关与亮度，既保证了客户的舒适体验，又有效降低了电力消耗。此外，智能照明系统还能够根据营业厅的使用时间段和人流密度进行预设模式切换，进一步提升能效。

2. 优化空调系统的使用

通过智能温控技术，可以根据客户流量和室内环境自动调节温度，从而提高能效。这种技术依赖于物联网传感器的实时数据采集与分析，如人员流量监测、室内温湿度变化等，并通过智能算法动态调整空调设备的运行状态。与传统的固定温度设置相比，智能温控技术能够更精确地匹配实际需求，避免过度制冷或加热的情况，显著降低能源消耗。此外，这种优化策略还可以结合天气预报信息，提前调整空调系统的运行模式，进一步提高能源利用效率。

3. 实施定期能耗审计

通过物联网技术对营业厅内各设备的能耗数据进行实时采集与分析，可以识别能耗高的环节，并有针对性地制定改进措施。例如，通过审计发现某些设备在非工作时间仍处于高能耗状态，可以通过调整工作模式或升级设备来解决问题。定期审计不仅能够帮助营业厅及时发现潜在的能耗问题，还能为长期节能规划提供数据支持，从而提升整体能效。

4. 推广员工节能意识培训

员工作为营业厅日常运营的直接参与者，其行为对能耗管理有着重要影响。通过培训，可以提高员工对节能措施的理解和重视，鼓励他们在日常工作中采取节能行动。例如，及时关闭不必要的设备电源、合理使用空调与照明系统等。这种全员参与的节能文化不仅能够进一步降低能耗，还能增强员工的环保责任感，为营业厅的绿色运营目标奠定坚实基础。

三、基于物联网技术的电网营业厅空间安防系统设计

（一）安防设备配置

电网营业厅作为电力企业与用户沟通的重要场所，其安全性直接关系到服务质量与用户体验。安防设备的配置是营业厅空间布局优化的一个重要环节，

需要根据营业厅的实际需要选择适合的设备类型，以保障场所的安全性。高清监控摄像头是营业厅安防系统的核心设备之一，能够实时记录营业厅内外部的动态，为安全管理提供数据支持。此外，入侵报警系统和门禁控制系统也应纳入配置范围，以实现对异常行为的及时预警和对人员进出的有效控制。这些设备的选择不仅要满足营业厅的日常运营需求，还需具备较高的稳定性和可靠性，以应对突发事件的挑战。

安防设备的安装位置直接影响其功能的发挥。在电网营业厅空间布局中，应重点关注关键出入口和重点区域的设备布置，以确保监控覆盖无死角。关键出入口是人员流动的主要通道，也是潜在安全隐患的集中区域，因此需要配置高清监控摄像头和门禁控制系统，以实现对人员身份的精准识别和活动轨迹的全面记录。重点区域如营业柜台、财务室和设备间等，因其涉及重要资产和敏感信息，需安装入侵报警系统和高精度摄像头，以提高安全防范的有效性。这种科学的设备布局能够显著提升安防系统的整体性能，为营业厅的安全管理提供有力保障。

为了实现安防设备的高效运作，制订联网方案是至关重要的一环。通过物联网技术，可以将营业厅内的各类安防设备整合到统一的平台进行集中管理与监控。这种联网方案不仅能够提高设备之间的协同效率，还可以显著提升安防系统的响应速度。例如，当入侵报警系统检测到异常行为时，摄像头可以自动调整角度进行实时记录，而门禁系统则可以锁定相关区域，形成联动机制。这种智能化的集中管理模式能够有效减少人工干预的需求，同时提高对安全事件处理的及时性与准确性。

（二）实时监控系统

实时监控系统是电网营业厅智能化安防体系的核心组成部分，旨在通过技术手段实现营业厅空间的全方位安全保障。该系统的设计要求其具备 24 小时不间断监控能力，以确保营业厅内所有关键区域的安全状况随时可见。这种全天候的监控模式能够有效覆盖营业厅的客户接待区、业务办理区、设备存储区等重点区域，为电网营业厅的日常运营提供安全屏障。同时，实时监控系统的高可靠性和稳定性是实现这一目标的基础，因此系统需在硬件设备和软件算法上均达到行业领先水平，以应对可能出现的复杂安防需求。

为了提升安全管理效率，实时监控系统必须能够实现多种数据源的集成。通过将监控视频、环境数据和安防警报信息进行实时交互，系统能够形成一个统一的安全监控平台。例如，环境数据传感器可以实时监测温湿度、烟雾浓度等参数，当检测到异常时，系统能够同步调用监控视频并发出警报。这种多源数据的融合不仅提升了监控的精确性，还能协助管理人员快速定位问题源头并采取针对性措施，从而显著提高营业厅的整体安全管理水平。

智能分析功能是实时监控系统的重要技术亮点之一。通过引入图像识别和行为分析技术，系统能够自动识别异常行为并及时发出预警。例如，当系统检测到人员在非授权区域长时间停留或发生拥挤现象时，可以立即触发警报并通知相关管理人员。这种智能化的分析能力不仅降低了对人工监控的依赖，还能够显著提高对异常事件的响应速度。此外，智能分析功能还能通过不断学习和优化算法，逐步适应营业厅的实际运营环境，从而实现更高效、更精准的安全管理。

实时监控系统还需具备数据存储与回放功能，以支持后续的安全事件分析和责任追溯。系统应能够保存监控视频和事件记录，并提供便捷的检索和回放功能。例如，在发生安全事件后，管理人员可通过回放功能快速锁定关键视频片段，为事件调查和责任认定提供有力证据。这种数据存储能力不仅有助于提升营业厅的安全管理水平，还能为优化安防策略提供宝贵的参考依据，从而实现安防体系的持续改进和完善。

第二节　基于大数据技术的电网营业厅空间布局优化

一、基于大数据技术的电网营业厅空间需求分析

（一）多源数据收集与整合

电网营业厅空间布局优化的关键在于全面了解客户需求和空间使用效率，而多源数据的收集与整合是实现这一目标的基础。通过营业厅内的物联网传感器设备，能够实时获取客户流量、环境参数和设备使用情况等动态数据。这些数据不仅可以反映营业厅的实时运行状态，还能为空间布局的动态调整提供依据。例如，通过传感器监测客户高峰时段的流量分布，可以识别出需要优化的区域，从而提升客户体验。环境参数的监测，如温湿度和噪声水平，也能为空间的舒适性设计提供支持。

营业厅管理系统中积累的大量数据同样是空间布局优化的重要资源。这些数据包括业务办理记录、客户服务反馈以及排队情况等，通过多维度的分析，可以全面评估空间使用效率。例如，业务办理记录能够揭示不同业务区域的使用频率和需求强度，而客户服务反馈则能反映客户对现有布局的满意度和改进建议。排队情况数据，则可以为优化客户动线设计和服务窗口分布提供科学依据，减少客户等待时间，提高服务效率。

移动设备和在线平台的数据收集为空间需求分析提供了新的视角。通过客户的预约记录，可以预测未来的客户流量分布，为资源调配和空间规划提供参考。客户的服务偏好和使用习惯方面的数据则可以帮助设计更贴合客户需求的功能区域，如设置自助服务区或休息区。此外，在线平台的数据还能反映客户对营业厅服务的整体评价，为空间布局优化提供间接的指导。

视频监控数据与图像识别技术的结合，为客户行为的精细化分析提供了可能性。通过提取客户在营业厅内的活动轨迹和停留时间分布，可以深入了解客户的实际行为模式。例如，某些区域的长时间停留可能意味着该区域功能设计合理，而客户较少停留的区域则可能存在布局不合理的问题。这些数据为空间需求分析提供了更加直观和详细的支持，能够帮助优化营业厅的功能分区与动线设计，从而更好地满足客户需求。

（二）空间需求预测与分析

大数据技术为电网营业厅空间需求的预测与分析提供了强有力的支持。通过时间序列分析方法，可以对历史客户流量数据进行深入挖掘与建模，从而预测不同时段的客户到访量。这种预测不仅能够帮助营业厅在高峰期和非高峰期之间实现资源的动态调配，还能为服务窗口的数量、功能区域的面积分配等提供科学依据。例如，在某些特定时段内，客户到访量可能呈现周期性波动，通过时间序列分析能够提前识别这些规律，为营业厅的运营规划提供决策支持。

结合地理位置数据与客户行为模式，构建区域需求预测模型是优化营业厅空间布局的重要手段。不同地理区域的客户服务需求存在显著差异，如城市中心区域的营业厅可能需要更多的快速缴费窗口，而郊区则可能需要更大的咨询区域。通过分析地理位置与客户行为数据的关系，可以精准识别各区域客户的服务需求特征。这不仅有助于营业厅的合理选址，还能为区域内的空间规划和功能分区提供科学基础，确保资源分布与客户需求的高度匹配。

关联规则挖掘技术能够深入分析客户服务偏好与空间使用之间的关联，为功能区域的优化配置提供重要依据。例如，通过分析客户在不同服务区域的停留时间与服务类型的关联，可以预测特定服务区域的客户需求峰值。这种技术的应用能够有效优化营业厅内部功能区域的配置与分布，从而提高空间利用效率。例如，高频使用的缴费区域可以设计为在靠近入口的位置，而低频使用的咨询区域则可以设置在相对安静的角落。

基于仿真模拟技术，可以动态评估不同空间布局方案在高峰期和非高峰期的需求响应能力。通过模拟客户流动与服务交互的过程，能够预测布局调整对营业厅整体运行效率的影响。例如，在高峰期，某种布局可能导致客户排队时间显著增加，而另一种布局则可能实现更高的服务效率。仿真技术的引入，不仅能够为营业厅的空间布局优化提供科学依据，还能帮助管理者在实际实施前对可能的效果进行全面评估，从而降低调整风险并提升决策的准确性。

（三）需求变化应对策略制定

1. 动态客户流量管理机制

基于实时客户流量监测数据，营业厅可以构建动态管理机制，在客户流量突增时迅速调整服务窗口配置和人员调度。通过这种方式，能够在保证服务效率的同时，维护客户体验的稳定性。例如，在高峰时段，增加人工服务窗口或引导客户使用自助服务终端，可以有效缓解客户等待压力。动态客户流量管理机制的实施，需要依赖于精准的数据采集和分析技术，以确保实时性和决策的科学性。

2. 弹性空间布局策略

通过设计灵活可调整的空间布局方案，营业厅能够根据不同时段的客户需求变化快速重新配置功能区域。这种策略不仅提高了空间使用效率，还增强了营业厅适应不同需求场景的能力。例如，在低峰时段，部分服务区域可以暂时关闭或转换为其他用途，而在高峰时段，则可以迅速恢复并扩展其服务能力。这种弹性布局的实现，需要在营业厅设计阶段就充分考虑功能模块的可移动性和空间划分的灵活性，以满足多样化的需求变化。

3. 智能化服务资源分配

通过大数据分析预测客户需求高峰，营业厅可以提前优化自助服务终端、排队系统和人工服务窗口的资源分配。这种预测性资源调度能够显著减少客户等待时间，并提升服务质量。例如，在节假日前夕，通过对历史数据的分析，营业厅可以预估客户流量的变化趋势，并提前部署额外的服务资源。这种智能化分配不仅提高了服务效率，还减少了资源浪费，从而实现了营业厅运营的精细化管理。

二、基于大数据技术的电网营业厅业务关联区域布局优化

(一) 业务流程数据分析

电网营业厅的业务流程数据分析是空间布局优化的核心环节。通过对业务流程数据的深入挖掘，可以全面了解客户在办理业务时的行为模式和需求特征。利用大数据技术，能够精准捕捉到客户在营业厅内的路径轨迹、服务偏好以及高频业务的办理时长等信息。这些数据为优化营业厅的空间布局提供了科学依据，使得功能区域能够更加贴合客户需求，提升整体服务体验。此外，业务流程数据的分析还可以帮助识别客户在不同业务环节中的停留时间和流量分布，为营业厅的资源配置提供重要参考。

对业务流程数据进行多维度分析能够揭示电网营业厅服务体系中的关键问题。例如，通过时间维度分析，可以发现业务办理的高峰时段和低谷时段，从而优化客户流量分布；通过环节维度分析，可以识别出流程中耗时较长或客户体验较差的环节，进而提出针对性的优化措施；而通过客户需求维度分析，则可以挖掘不同类型客户的个性化需求，为营业厅的功能区域划分提供数据支持。这种多维度的解析方式不仅能够发现流程中的关键节点，还可以帮助管理者识别潜在的优化空间，从而提升营业厅的整体服务效率和客户满意度。

在电网营业厅中，高频业务的办理通常集中于少数几个功能区域，这些区域的布局将直接影响客户的服务体验。通过对高频业务的流程特征进行挖掘，可以发现客户对特定服务的行为模式要求和时间需求，从而优化相关功能区域的布局。例如，针对缴费、报修等高频业务，可以通过调整功能区域的分布，缩短客户的移动距离，同时增加资源配置以减少排队等待时间。这样的优化不仅能够提高高频业务的办理效率，还能有效缓解营业厅的整体负荷，提升客户体验。

业务流程中的瓶颈环节通常是导致客户等待时间过长和服务效率低下的主

要原因。通过实时数据监测技术，可以动态识别业务流程中的拥堵和延迟环节。例如，在高峰时段，某些功能区域可能会因为客户集中办理而出现排队过长的现象。利用动态监测技术，营业厅管理者可以及时调整资源配置或重新划分功能区域，以缓解拥堵压力。这种动态调整机制不仅能够提升服务效率，还能增强营业厅的灵活性和适应能力。

（二）关联区域布局调整

关联区域布局调整是电网营业厅空间优化的重要环节，其核心在于通过科学的空间规划提高服务效率。基于业务关联性的功能区域优化是一项关键措施，通过分析不同业务之间的关联程度，将高频关联业务区域进行邻近布局。这种布局方式能够显著缩短了客户在办理多个相关业务时的移动距离，同时提升服务效率。例如，缴费业务与咨询业务之间的高频互动可通过邻近设计实现无缝衔接，避免客户在营业厅内长时间的往返移动。此种优化不仅降低了客户的时间成本，也减少了营业厅内的拥堵现象，从而为客户提供更高效的服务体验。

电网营业厅的业务需求具有动态性，尤其在不同时间段和季节变化时，业务流量特征可能存在显著差异。基于实时业务数据与客户需求变化，动态业务需求驱动的空间调整成为优化关联区域布局的重要手段。通过灵活调整功能划分和设备配置，营业厅能够适应不同时间段的业务流量特征。例如，在业务高峰期，可以临时增加缴费窗口或咨询区域的设备配置，以满足客户集中办理需求；而在业务低谷期，则可以适当压缩相关区域以节约空间资源。这种动态调整不仅提升了空间利用率，还增强了营业厅的服务弹性和适应能力。

关联区域布局优化还需充分考虑客户动线与业务办理流程的整合设计。通过科学设计，将关联区域之间的通道规划为最短路径，减少客户在营业厅内的无效移动。这不仅优化了客户的办理体验，还有效提高了空间利用率。例如，在设计缴费区与咨询区的通道时，可以通过直线连接或合理的转角设计缩短客户的绕行距离。同时，结合业务办理流程优化，将客户动线与业务区域的功能分布紧密结合，使客户在业务办理过程中能够顺畅地完成各个环节，避免因空间布局不合理而产生困扰。

关联区域布局优化的最终目标是提升客户体验，因此在空间设计中应注重客户体验导向的环境优化。在关联业务区域内增加引导标识、信息展示屏和便捷的等候座椅，可以显著改善客户在不同业务环节之间的过渡体验。例如，清晰的引导标识能够帮助客户快速找到目标区域，而信息展示屏则可以提供实时业务办理状态和相关信息，减少客户的等待焦虑。同时，便捷的等候座椅能够为客户提供舒适的休息环境，使其在办理多个业务时的体验更加流畅。这些优化措施不仅提升了客户满意度，也进一步提高了电网营业厅的整体服务质量。

三、基于大数据技术的电网营业厅窗口资源配置

（一）窗口服务数据分析

1. 电网营业厅的窗口服务高峰时段分析

电网营业厅的窗口服务高峰时段分析是基于历史数据统计与挖掘，识别客户流量的集中时间段，为窗口资源的动态分配提供依据。在高峰时段，客户流量激增可能导致等待时间延长和服务质量下降。通过分析不同时间段的客户流量变化趋势，可以制定更加合理的窗口开放策略。例如，在高峰时段增加窗口数量或调整人员配置。此类分析还可以结合节假日、天气变化等外部因素，进一步细化资源分配方案，从而有效缓解高峰时段的压力，提升营业厅整体服务效率。

2. 窗口服务类别分布分析

窗口服务类别分布分析旨在根据不同业务类型的办理频率，优化窗口功能分区，提高服务效率。电网营业厅的业务类型通常包括缴费、咨询、报修等，通过对这些业务的办理频率进行统计，可以发现各类业务的分布规律。例如，某些业务可能在特定时间段需求较高，而其他业务则具有较为均匀的分布特点。基于此分析，可以合理规划窗口的功能分区，如设立专门的快速窗口处理高频业务，或将复杂业务集中到特定区域，以减少客户的等待时间并优化营业厅的空间利用率。

3. 窗口等待时间数据分析

窗口等待时间数据分析是利用排队系统数据对客户在窗口的平均等待时间进行深入研究，识别等待时间长的窗口并提出改进建议。等待时间是客户体验的重要影响因素，过长的等待可能导致客户满意度下降。通过分析不同窗口的平均等待时间及其变化趋势，可以发现哪些窗口存在效率问题。例如，某些窗口可能由于业务复杂或人员配置不足而导致等待时间过长。针对这些问题，可

以通过增加人员培训、优化业务流程或重新分配资源来提高服务效率，从而缩短客户的等待时间。

4. 窗口服务效率评估

窗口服务效率评估通过构建基于业务数量和完成时长的模型，帮助识别低效窗口并优化资源配置。服务效率是衡量窗口运行质量的重要指标，低效窗口可能对营业厅整体服务水平产生负面影响。通过建立服务效率评估模型，可以对每个窗口的运行情况进行量化分析，例如计算每小时处理的业务数量或完成单笔业务的平均时长。评估结果可以为资源分配提供指导，例如将业务量大的窗口调整到客户流量较高的区域，或增加辅助设备以提高低效窗口的处理能力。

5. 窗口客户满意度数据挖掘

窗口客户满意度数据挖掘通过分析客户反馈数据，识别不同窗口的服务满意度差异，为服务流程和人员配置的优化提供依据。客户满意度是衡量服务质量的重要维度，通过对客户反馈的定量和定性分析，可以发现客户对窗口服务的具体需求和期望。例如，某些窗口可能由于服务态度问题或办理效率低下导致满意度偏低，而其他窗口则可能因服务周到从而获得较高评价。基于这些数据，可以针对性地调整窗口服务流程、加强人员培训或优化空间布局，从而提升客户体验和营业厅的整体形象。

（二）资源配置优化模型

资源配置优化模型在电网营业厅的应用中，扮演着至关重要的角色。通过大数据技术的引入，营业厅能够实现对资源的精准配置，从而提高整体的工作效率和客户满意度。资源配置优化模型的核心是通过对客户流量、业务类型和服务需求进行实时分析，动态调整窗口的功能分配和数量配置，以满足不同时间段的服务需求。该模型不仅考虑了当前的客户需求，还通过预测和分析未来的业务趋势，为资源的合理配置提供了科学依据，确保营业厅在高峰期和低谷期都能保持良好的服务水平。

基于客户需求的窗口动态分配模型是资源配置优化的重要组成部分。它通过实时监测客户流量变化，结合业务类型和服务需求的分析，动态调整窗口的功能和数量配置。这一模型的实施，使得电网营业厅能够灵活应对不同时间段的客户需求变化，避免了资源的闲置和浪费。同时，通过大数据分析，营业厅可以预判未来的客户流量趋势，提前做好资源配置的准备，确保在任何时段都能提供高效的服务。这种动态分配机制不仅提高了资源利用率，还显著提升了客户的服务体验。

窗口资源利用率优化模型则是通过对窗口服务频率、业务处理时长以及客户等待时间的综合分析，构建资源利用率评估模型。该模型的目标是在现有的窗口配置下，最大化地利用资源，减少客户等待时间，提升整体服务效率。通过对历史数据的分析，营业厅可以识别出资源配置中的薄弱环节，并进行有针对性的调整。比如，在某个时段增加窗口数量或调整窗口的功能分配，以应对高峰期的客户需求。这种优化策略不仅提升了窗口的服务效率，还减少了客户的等待时间，提高了客户满意度。

窗口服务优先级调度模型则是通过设计服务优先级调度算法，根据客户业务的紧急程度和复杂性，确保资源优先分配给高优先级业务。这一模型的实施，使得电网营业厅能够更好地管理有限的资源，确保在紧急业务和复杂业务面前，能够快速响应客户需求，提高服务质量。通过优先级的合理设定，营业厅可以在资源有限的情况下，最大限度地提高客户的满意度和服务的效率。该模型不仅优化了资源的分配，还提高了整个营业厅的运营效率。

窗口排队时间最小化模型通过分析客户排队行为和窗口处理效率，构建优化模型，减少客户的等待时间。该模型的目标是通过对排队数据的分析，识别出影响客户等待时间的关键因素，并进行有针对性的优化。通过对窗口处理效率的提升和客户排队行为的分析，营业厅可以在不增加资源投入的情况下，显著减少客户的等待时间，提高服务的响应速度和体验质量。这种优化策略，不仅提升了客户的满意度，还增强了营业厅的服务竞争力。

（三）服务水平提升措施

1. 优化窗口服务流程

在传统的窗口服务模式中，烦琐的流程常常导致客户办理业务的时间过长，影响服务体验。通过大数据分析，可以识别出流程中的冗余环节，并加以精简。例如，将客户信息收集与业务办理环节整合，或通过电子化手段减少纸质材料的填写步骤，都能显著提高服务效率。优化后的流程不仅能够缩短客户办理业务的时间，还能减少窗口工作人员的工作量，从而实现服务效率与员工满意度的双重提升。

2. 窗口服务人员的技能提升计划

通过定期开展业务培训和服务意识考核，员工能够掌握最新的业务知识和服务技巧，从而更好地满足客户需求。例如，通过模拟客户场景的实训，员工可以提高应对复杂业务的能力，同时增强对客户情绪的敏感度。技能提升计划还可以结合大数据分析结果，针对员工的薄弱环节进行重点培训。这种精准化的培训方法不仅提升了员工的专业水平，也为客户提供了更加优质的服务体验。

3. 设置窗口服务质量监督系统

利用数据分析技术，可以实时监测窗口服务的关键指标，如客户等待时间、业务办理时长以及客户满意度评分等。这些数据能够帮助管理者快速发现服务中的不足，并制定有针对性的改进措施。例如，当某时段客户等待时间明显增加时，可以通过调整窗口资源配置来缓解压力。服务质量监督系统的应用，不仅提高了管理的科学性，也为营业厅的服务优化提供了持续改进的动力。

四、基于大数据技术的电网营业厅空间运营监控系统设计

（一）监控指标体系构建

1. 营业厅空间运行状态的综合监控指标体系

营业厅空间运行状态的综合监控指标体系通过对客户流量、设备使用频率、环境参数等多维度数据的实时监测，形成全面反映营业厅空间运行效率的指标框架。例如，客户流量监控可以揭示不同时间段的客流分布规律，为空间布局的动态调整提供依据；设备使用频率的监测则能够帮助识别设备的使用热点与闲置区域，优化设备配置与摆放；环境参数的采集则可用于评估空间舒适度，从而提升整体服务水平。通过对这些数据的整合分析，营业厅可以实现空间资源的高效利用，满足客户需求并提升运营效益。

2. 与客户体验相关的监控指标体系

与客户体验相关的监控指标体系设置了客户等待时间、服务满意度、动线流畅度等关键指标。客户等待时间直接反映服务效率，能够揭示营业厅在高峰

时段的服务瓶颈；服务满意度则通过客户反馈数据量化客户对服务质量的评价，为服务流程优化提供方向；动线流畅度则通过分析客户的移动路径，评估空间布局对客户行为的影响，帮助识别动线设计中的不合理之处。这些指标的综合应用，可以有效提升客户体验，同时为营业厅的空间布局优化提供科学依据。

3. 设备运行与能效监控指标体系

设备运行与能效监控指标体系涵盖设备运行稳定性、故障率、能耗水平等关键指标。设备运行稳定性监控可以及时发现设备潜在故障，降低设备停机对营业厅运营的影响；故障率监测则通过统计分析故障发生频率，优化设备维护计划；能耗水平监控则通过对设备能耗数据的采集与分析，挖掘节能潜力，推动绿色运营策略的落地实施。该体系不仅能够提高设备运行效率，还能为营业厅的可持续发展提供支持，从而实现经济效益与社会效益的双赢。

（二）监控平台开发与集成

监控平台开发与集成是电网营业厅空间布局智能化优化的核心环节之一。通过技术手段实现实时数据展示功能，监控平台能够借助可视化仪表盘，将营业厅内各项关键指标的动态变化直观呈现给管理人员。这些指标可包括人流量分布、设备使用状态、环境参数等，通过实时数据的可视化展示，管理人员可以快速了解营业厅的运行状态，从而能够及时发现潜在问题并采取相应措施。这种数据驱动的管理方式不仅提升了决策效率，也为营业厅的空间布局优化提供了可靠依据。

为了实现全面的空间监控，监控平台需支持多种数据源的集成。通过整合来自不同类型的传感器和监控设备的数据，平台能够实现统一的管理和分析。这些传感器可能包括红外传感器、视频监控设备、环境监测仪等，能够收集营业厅内的多维度信息。数据源的多样化和集成化使得管理人员能够从空间布局、设备状态以及用户行为等多个角度全面掌握营业厅的运行情况。通过对这些数据的深入分析，平台可以为空间布局优化提供科学依据，进而提升营业厅的运营效率和客户体验。

监控平台的用户界面设计直接影响到管理人员的操作效率和系统的易用性。开发一个对用户友好的界面不仅需要考虑功能的全面性，还需确保操作的简便性和配置的灵活性。通过合理的界面布局、清晰的功能模块划分以及直观的交互设计，管理人员能够轻松完成数据查看、分析以及系统配置等任务。这种设计理念不仅降低了系统使用门槛，也显著提高了管理人员的工作效率，为营业厅的智能化运营提供了坚实的技术支持。

此外，数据分析与报告生成能力是监控平台的重要功能之一。平台需能够定期生成各类监控报告，涵盖空间布局、设备状态、客户行为等多个维度。这些报告为管理层评估营业厅的运营效果提供了数据支撑，同时为制定优化策略提供了方向性指导。通过对监控报告的深入解读，管理层能够发现空间布局中的潜在问题，并结合实际需求提出有针对性的优化方案，从而实现营业厅运营效率和客户满意度的双提升。这种基于数据驱动的优化模式是电网营业厅空间布局智能化发展的重要方向。

（三）监控预警与决策支持功能实现

监控预警与决策支持功能在电网营业厅空间布局优化中具有重要作用。监控平台需要具备实时预警功能，以确保在关键指标超出设定阈值时能够自动触发警报。这种实时预警机制不仅可以帮助管理人员快速识别潜在问题，还能够为营业厅的运营提供及时的干预手段，从而避免因问题延迟处理而导致服务质量下降。例如，当营业厅的客户等待时间超出预设标准时，系统可以自动发出警报，提醒工作人员调整服务资源或优化排队策略。这种功能的实现需要依托先进的监控技术和灵敏的传感设备，以确保数据的实时性和准确性。

系统的数据分析算法是实现决策支持功能的核心。通过对历史数据和实时监测结果的结合分析，系统能够生成针对性的优化建议，为空间布局和资源配置提供科学依据。例如，基于客户流量的历史趋势，系统可以预测高峰时段并提前优化座位分布或服务窗口的开放数量，从而提升客户体验。此外，数据分析算法还能够帮助营业厅识别长期存在的问题，例如某些区域的客户满意度偏低或服务效率不足，为后续改进提供明确方向。这种基于数据驱动的决策支持功能能够显著提升营业厅的运营效率和服务质量。

集成智能分析工具是监控系统的重要组成部分，其作用在于深度挖掘监控数据，识别潜在的运营问题和改进机会。这些工具能够进行复杂的数据关联分析，发现表面现象背后的根本原因。例如，通过分析客户行为路径，系统可以发现某些区域的客户停留时间较短可能与空间布局不合理或服务流程设计有缺陷有关。智能分析工具还支持多维度数据的交叉分析，从而帮助管理人员全面了解营业厅的运营状况，为优化空间布局和服务流程提供依据。这种技术不仅提高了问题识别的效率，也为营业厅的持续改进提供了强有力的支持。

第三节　基于虚拟现实技术的电网营业厅空间布局优化

一、基于虚拟现实技术的电网营业厅空间原型设计与验证

（一）虚拟现实原型设计

虚拟现实原型设计在电网营业厅空间布局优化中扮演着重要角色，它通过构建高度逼真的虚拟环境，为设计方案的验证和调整提供了全新的技术手段。利用虚拟现实技术，可以将营业厅的空间布局以可视化的方式呈现出来，使得管理人员能够直观地观察不同设计方案的实际效果。这种方法不仅提升了设计过程的灵活性，还显著缩短了传统设计的反馈周期，为优化决策提供了更高效的支持。此外，虚拟现实原型设计还能够帮助设计团队更好地理解客户需求，确保最终方案能够满足客户的期望和实际使用需求。

虚拟现实原型的动态交互设计通过引入交互式场景，使得管理人员和客户能够实时参与到空间布局方案的评估中。在虚拟环境中，用户可以通过交互设备体验不同布局方案的实际效果，并根据体验结果提出改进建议。这种动态交互设计的优势在于能够实时调整布局方案，并评估其对客户体验和服务效率的影响。例如，通过虚拟现实技术模拟客户的服务流程，可以发现某些区域可能存在拥堵或服务效率低下的问题，从而及时调整布局设计以优化客户动线和服务体验。

虚拟现实原型中的多维数据融合技术为空间布局优化提供了全面的支持。通过将客户流量、环境参数以及服务需求等多维数据动态整合进虚拟模型，可以更加精准地模拟营业厅的实际运行情况。例如，客户流量数据可以帮助识别高峰时段的拥堵区域，环境参数可以用于优化照明和通风设计，而服务需求数据则可以指导功能区域的分布与规模。多维数据的动态融合不仅提升了虚拟模型的真实性，还为优化决策提供了科学依据，使得空间布局设计更加贴合实际需求。

虚拟现实原型的模块化构建方式将营业厅空间划分为多个可独立优化的功能模块，这种方法极大地提高了设计和测试的效率。通过模块化构建，可以快速对不同区域的布局设计进行测试和调整。例如，服务台、候客区和自助服务

区可以作为独立的模块进行优化，设计团队可以根据不同模块的测试结果灵活调整整体布局。这种模块化的设计策略不仅提升了设计方案的适应性，还为后期的扩展和升级提供了便利。

（二）原型验证方法与流程制定

电网营业厅空间布局的优化需要科学的原型验证方法与流程制定，以确保设计方案的合理性和可实施性。在虚拟现实技术的支持下，验证方法可以更直观地模拟现实场景，提供数据支撑和优化依据。通过结合虚拟现实技术，制定系统化的验证流程能够有效提升空间设计的科学性和实践价值。这一流程包括数据采集、虚拟场景构建、动态调整和多维度评估四个关键环节，每一环节互为支撑，形成闭环式优化机制，确保最终方案能够满足客户需求和运营效率的双重目标。

虚拟现实技术为研究客户行为提供了全新的手段。通过构建营业厅的虚拟场景，模拟客户的行为路径和活动模式，可以直观地观察不同空间布局对客户流动效率和体验的影响。例如，利用虚拟现实模拟客户从入口到服务窗口的行走路径，可以分析空间设计是否存在拥堵点或效率低下的区域。同时，模拟客户在等候区、服务区的停留时间和行为模式，有助于评估空间布局对客户体验的影响。通过这些数据，设计团队可以发现问题并提出有针对性的优化方案，从而提升营业厅的整体服务水平。

在虚拟现实原型中引入实时数据更新机制是优化验证流程的重要创新。通过对客户流量、环境参数（如温度、噪声等）的动态监测，虚拟现实原型可以实时调整空间布局。例如，当客户流量在某一时间段内骤增时，系统可以模拟调整等候区座椅的摆放方式或增加服务窗口数量，以缓解拥堵压力。这种动态调整机制不仅能够验证设计方案的适应性，还可以提高布局的灵活性，为未来营业厅的智能化运营提供技术支持。

为了全面评估空间布局的用户体验效果，沉浸式体验测试流程的设计至关重要。通过邀请客户和管理人员参与虚拟现实场景的体验测试，可以收集对布局方案的直观反馈。例如，客户可以在虚拟场景中体验从进入营业厅到完成服务的全过程，并反馈其满意度和不适感。管理人员则可以通过观察客户行为和场景表现，评估方案对服务效率的提升效果。这种基于用户参与的测试方式，不仅增强了验证过程的真实性，还为优化设计提供了宝贵的实践依据。

（三）原型验证结果分析与改进

基于虚拟现实原型的多维指标分析，在电网营业厅空间布局优化中起到了关键作用。通过综合评估客户流动性、服务效率和环境舒适度等关键指标，能够有效识别布局方案中的优化空间。具体而言，客户流动性分析揭示了在不同布局方案下，客户在营业厅内的移动效率和通畅程度；服务效率评估则通过模拟服务节点的处理能力和客户等待时间，衡量布局对服务流程的支持效果；环境舒适度分析则聚焦于客户在营业厅内的整体体验，包括空间的视觉吸引力、温度舒适性和噪声控制水平。在此基础上，研究团队提出针对性改进建议，如优化服务窗口排布、调整客户等候区位置以及改进装饰设计等，以进一步提升营业厅的功能性和用户体验。

通过虚拟现实场景中客户行为的动态模拟，可深入分析客户在不同布局方案下的活动路径和停留分布。这种分析方法能够直观地揭示客户流动的瓶颈区域和高频停留点，为优化客户动线设计提供了科学依据。例如，某种布局可能导致客户在特定区域聚集，增加了通行压力；而另一种布局可能因服务节点分布不合理而延长了客户的步行距离。通过动态模拟结果，研究团队对客户动线进行了优化设计，并调整了主要通道的宽度和方向，同时重新规划了功能区的相对位置，以实现客户流动效率的提升。这种基于数据驱动的优化方法，不仅提高了空间利用率，还显著改善了客户的服务体验。

利用虚拟现实原型的实时交互功能，可以收集客户和管理人员的直接反馈，并结合数据分析结果对空间配置进行调整。这种实时的交互验证模式，为方案的可行性评估提供了重要支持。例如，客户在虚拟场景中体验后可能对等候区的座椅布局或服务台的高度提出改进建议，而管理人员则可能关注后台操作区域的便利性和安全性。通过将这些反馈与数据分析结果相结合，研究团队对空间配置进行了多轮调整，确保最终方案既满足客户需求又符合管理运营的实际要求。这种基于虚拟现实的验证方法，不仅缩短了方案优化的周期，还提升了设计方案的精确性和实用性。

在虚拟现实原型验证过程中，针对环境参数的动态调节效果进行了深入分析，进一步优化了光照、温控和噪声管理策略。例如，通过虚拟场景中的光线模拟，研究团队发现某些区域的光照强度不足，可能影响客户的视觉舒适度，因而在设计中增加了局部照明设施；温控方面，通过对不同温度条件下客户行为的观察，确定了更适合营业厅的空调布局和温度设定；噪声管理则通过模拟不同材质的吸音效果，优化了墙面和天花板的设计，从而显著降低了营业厅内的噪声水平。这些环境参数的优化，不仅提升了营业厅的整体舒适度，还为客户提供了更加愉悦的服务体验。

二、基于虚拟现实技术的电网营业厅员工空间使用培训

（一）培训内容与目标设定

通过虚拟现实技术，帮助员工熟悉电网营业厅内各功能区域的布局和用途，提升员工对空间分布的认知能力。这一培训内容旨在解决传统培训中无法直观呈现营业厅空间分布的问题。虚拟现实技术能够以三维立体的方式再现营业厅的实际场景，使员工能够身临其境地感知各区域的功能和位置，建立对空间结构的全面认知。例如，通过虚拟现实设备，员工可以清晰地了解客户服务区、业务办理区、自助服务区等关键区域的具体位置及其功能，从而在日常工作中更高效地引导客户，优化工作流程。该培训内容的目标在于提升员工的空间认知能力，使其能够快速适应营业厅的布局变化，满足智能化优化的需求。

设计基于虚拟现实的场景模拟培训，使员工能够直观体验客户在营业厅内的动线和行为模式，增强服务意识。这种培训方式通过虚拟现实技术模拟客户进入营业厅后的行为路径，包括排队、业务办理、设备使用等环节。通过对客户动线的观察和分析，员工可以更好地理解客户的行为模式和服务需求，从而优化自身的服务方式。例如，在虚拟场景中，员工能够模拟处理客户在自助设备前遇到问题的情况，并学习如何快速为客户提供帮助。这种场景化培训不仅增强了员工的服务意识，还为营业厅空间布局优化提供了重要的实践依据，确保空间设计能够更好地满足客户需求。

利用虚拟现实技术模拟高峰期客户流量场景，培训员工应对不同客流量情况下的服务调整与资源协调能力。高峰期场景的模拟可以再现客户集中拥入营业厅时的动态变化，包括排队人数增加、等待时间延长等问题。通过虚拟现实技术，员工能够在模拟环境中学习如何调整服务策略，如增加引导人员、优化排队机制或协调资源分配等，以应对高峰期的服务压力。这种培训内容不仅提高了员工在复杂场景中的应变能力，还为营业厅的空间布局优化提供了参考数据，帮助管理者设计更合理的空间分布以应对高峰期客流。

通过虚拟现实环境再现特殊事件场景，如设备故障或突发状况，训练员工

的应急响应能力和问题解决技巧。电网营业厅作为服务窗口，突发事件的处理能力直接影响客户体验和企业形象。虚拟现实技术能够再现设备故障、客户投诉等特殊事件场景，使员工在模拟环境中学习如何快速响应和解决问题。例如，当自助设备出现故障时，员工可以在虚拟场景中学习如何引导客户至其他服务区域并及时报告设备问题。这种培训方式不仅提高了员工的应急响应能力，还为营业厅的空间布局提供了优化依据，确保特殊事件发生时空间能够满足应急处理需求。

结合虚拟现实技术的互动功能，开展员工岗位职责演练，确保其熟练掌握日常工作流程和服务规范。这一培训内容通过虚拟现实环境模拟员工的日常工作场景，包括客户接待、业务办理、设备维护等环节。员工可以通过互动功能进行岗位职责演练，熟悉工作流程并强化服务规范。例如，员工在虚拟场景中可以模拟与客户之间的交流过程，学习如何准确回答客户的咨询并提供优质服务。这种演练不仅提升了员工的工作技能，还为营业厅的空间布局优化提供了实践数据，确保空间设计能够更好地支持员工的日常工作需求。

（二）培训课程设计与实施

电网营业厅的员工培训是提升服务质量和运营效率的关键环节，而基于虚拟现实技术的培训课程设计与实施，能够有效突破传统培训模式的局限性。通过设计分步培训课程，将营业厅空间的布局与功能区域分解为多个模块化学习单元，员工能够逐步掌握各区域的具体用途与操作流程。模块化设计不仅降低了学习难度，还能帮助员工在虚拟环境中熟悉不同功能区域的空间分布与使用逻辑，从而快速适应实际工作场景。这种渐进式的培训方式为员工提供了清晰的学习路径，确保他们能够在短时间内胜任岗位需求。

利用虚拟现实技术创建互动式客户服务模拟场景，是提升员工服务能力的重要手段。在虚拟场景中，员工可以身临其境地实践与客户互动的技巧，从而提升服务质量与客户满意度。虚拟现实技术能够模拟多种客户服务场景，包括高峰期排队管理、特殊客户需求处理以及突发事件应对等，帮助员工在虚拟环境中积累实践经验。这种方式不仅能够降低真实操作中的风险，还能让员工在安全的虚拟环境中反复练习，直至熟练掌握服务要领。此外，互动式模拟场景还能够强化员工的应变能力和心理素质，为营业厅的优质服务提供保障。

针对不同岗位职责开发定制化虚拟现实培训课程，是实现精准化培训的重要策略。电网营业厅的岗位职责多样化，不同岗位对技能的要求各不相同，通过定制化的培训课程设计，可以确保每位员工根据自身岗位需求，深入学习相关操作与应急处理技能。例如，前台接待岗位的培训重点在于客户沟通与服务流程，而后台支持岗位则需要强化设备操作与数据管理能力。定制化课程的开发能够满足不同岗位的差异化需求，提升整体培训的针对性与实效性，为电网营业厅的高效运营奠定坚实基础。

实施基于虚拟现实的动态评估机制，是优化培训效果的重要举措。通过虚拟场景中的任务完成情况与行为表现，可以对员工的学习进度和能力提升进行实时监测与反馈。在动态评估机制下，培训系统能够记录员工在虚拟环境中的操作数据，并根据数据分析结果提供个性化的改进建议。这种实时反馈机制不仅能够帮助员工及时发现自身的不足，还可以为培训管理者提供科学的决策依据，以便优化培训策略和内容设置。动态评估机制的引入，使得培训过程更加高效、透明，为员工的能力提升提供有力支持。

在培训课程中引入团队协作模块，是提升员工协作能力与综合服务效率的创新尝试。通过虚拟现实场景模拟多岗位协同工作的实际情况，员工可以在虚拟环境中体验团队合作的重要性，并学习如何在实际工作中高效配合。例如，在模拟的营业厅高峰期场景中，前台、后台和管理人员需要协同应对大量客户需求，这种场景能够帮助员工理解跨岗位协作的关键环节与流程。团队协作模块不仅能够强化员工之间的默契，还能提升整个营业厅的服务效率与客户满意度，为电网营业厅的整体运营能力提供全面保障。

三、基于虚拟现实技术的电网营业厅客户体验模拟

（一）虚拟现实客户体验场景创建

虚拟现实技术在电网营业厅空间布局优化中的应用，为客户体验场景的创建提供了全新的方式。通过构建虚拟现实客户体验场景，可以模拟客户从进入营业厅到完成服务的全流程路径，细致分析客户在不同功能区域的行为模式和停留分布。这种模拟不仅能够揭示客户在空间使用上的规律，还可以为优化功能区域的布局提供科学依据。例如，通过分析客户在咨询台、自助服务终端和等候区的停留时间与行为轨迹，可以发现布局设计中可能存在的问题，并据此调整功能区的位置与面积分配，从而提升整体空间利用效率和客户服务体验。

虚拟现实技术还可以重现电网营业厅内的环境因素，如光照、温度和声音

等，构建动态变化的沉浸式场景。这些环境参数对客户体验的影响不容忽视，例如光线过强可能导致视觉疲劳，温度过低可能影响客户的舒适感，而背景噪声则可能干扰客户的沟通与操作体验。通过在虚拟场景中调整这些参数并测试其对客户行为的影响，可以为营业厅的环境设计提供量化依据。环境优化不仅有助于提升客户满意度，还能营造更加舒适、高效的服务氛围，增强营业厅的品牌形象。

此外，虚拟现实场景还可以集成客户与自助服务终端的交互体验，模拟客户使用终端的全流程操作。这种模拟能够帮助设计者发现终端分布和功能设计中的不足之处，例如终端摆放位置是否便于客户找到，操作界面是否直观易用等。通过优化终端的布局和功能，可以显著提升客户的便捷性和服务效率，同时减轻人工服务的压力，进一步推动营业厅的智能化发展。这种基于虚拟现实技术的优化方法，为电网营业厅提供了更高效、更科学的空间布局解决方案。

（二）客户体验模拟与评估

客户体验模拟与评估是虚拟现实技术在电网营业厅空间布局优化中不可或缺的一部分。通过构建虚拟现实场景，管理者能够捕捉客户在虚拟环境中的移动轨迹和服务选择行为。这种数据分析方法，不仅能够直观展现客户在不同空间布局下的流动性变化，还能揭示服务便捷性与客户行为之间的关联。例如，当某一空间布局导致客户在特定区域内产生拥堵或选择服务的效率降低时，管理者可以据此调整布局设计。这种基于数据驱动的优化方法，为提升营业厅的整体运营效率提供了科学依据。

虚拟现实技术还可以用来模拟客户在电网营业厅内的全流程服务体验。通过记录客户在各功能区域的停留时间，管理者可以分析不同区域的吸引力和服务效率。此外，结合客户的服务满意度调查，能够全面评估现有空间配置的合理性。以此为基础，管理者可以优化资源分配，例如调整客户等待区与服务区的比例，或者重新设计功能区域的位置关系。这种以客户行为和满意度为核心的分析方法，有助于实现空间布局的精细化管理，提升客户的整体服务体验。

虚拟现实技术的另一个重要功能是动态调整环境参数，以测试不同条件对客户心理舒适度的影响。在虚拟场景中，管理者可以模拟各种光照、温度和声音条件，观察客户的行为变化和心理反应。例如，柔和的光线可能有助于缓解客户的焦虑，而适宜的温度和背景音乐则可能提升客户的舒适度。通过对这些因素的综合评估，管理者能够提出有针对性的优化建议，从而在营业厅设计中更好地满足客户的心理需求。

虚拟现实环境还可以用于开展客户交互模拟，特别是针对自助服务终端的优化设计。通过虚拟场景中的交互实验，管理者能够评估终端操作的便利性和分布的合理性。例如，当某些终端的位置导致客户操作不便或排队时间过长时，可以调整其位置或优化界面设计。这样的模拟不仅有助于提升自助服务终端的使用效率，还能显著改善客户的服务体验，为电网营业厅的智能化优化提供有力支持。

参考文献

[1] 王刚. 室内设计原理 [M]. 武汉：武汉理工大学出版社，2025.

[2] 周敏. 建筑的智能空间设计研究 [M]. 长春：吉林出版集团股份有限公司，2023.

[3] 邓琛. 室内空间设计理论与实践研究 [M]. 北京：中国纺织出版社，2023.

[4] 余德生. 室内设计方法与应用 [M]. 北京：中国纺织出版社，2023.

[5] 蒋明，李睿. 公共空间设计 [M]. 青岛：中国海洋大学出版社，2023.

[6] 刘佳，过伟敏. 空间设计基础 [M]. 北京：中国轻工业出版社，2021.

[7] 李鸿祥，董晓晓. 共享理念视域下的公共空间设计研究 [M]. 长春：吉林大学出版社，2024.

[8] 马颖，朱睿博，曲红升. 空间设计 [M]. 北京：航空工业出版社，2023.

[9] 朱雷. 外部空间设计 [M]. 南京：东南大学出版社，2024.

[10] 甄慧霞，秦俊萍. 现代建筑空间与环境设计 [M]. 哈尔滨：黑龙江教育出版社，2023.

[11] 刘思琪. 多模态感官体验设计对室内设计的影响研究 [M]. 北京：中国建材工业出版社，2025.

[12] 严昉菡. 空间导向系统设计 [M]. 沈阳：辽宁美术出版社，2023.

[13] 王宇. 城市公共空间设计与系统化建设研究 [M]. 长春：吉林科学技术出版社，2022.

[14] 于洪涛，刘艺. 城市公共空间设计 [M]. 北京：中国水利水电出版社，2022.

[15] 杨宇. 办公空间设计 [M]. 沈阳：辽宁美术出版社，2022.